最強構図

知ってたら
デザイン
うまくなる。

ingectar-e

はじめに

シンプルで整ったデザインが作りたい。
機能的で効果的なデザインに仕上げたい。

デザインをしていくにあたって、
レイアウトを決めるのが最初の難関ですよね。

実は、世の中で見かけるデザインには、
デザインの「黄金比」を使って作られたものが数多く存在します。

本書では黄金比をはじめ、
「美しい」と言われるさまざまな構図を使って
デザインするときのコツやポイントを解説。

「なんとなく」ではなく、
「構図」というエビデンスに則ってデザインすれば、
速く、美しく、バランスよく仕上がること間違いなし！

デザインはセンスではなく知識です。
これを知っていたら、もっと上手くなる。
本書がデザインをさらに楽しむきっかけになりましたら幸いです。

ingectar-e

「黄金比」とは？

黄金比とは、近似値「1:1.618」、約「5:8」という、人間にとって美しく安定して見える比率とされる貴金属比のひとつです。

黄金比は特にヨーロッパで古くから親しまれ、建築物や美術作品に活用されてきました。代表的な例としてパルテノン神殿、パリの凱旋門、サグラダ・ファミリア、ミロのヴィーナス、モナ・リザなどがあります。
日本でも金閣寺や唐招提寺などに黄金比が使われています。
有名な建築物や美術作品以外でも、名刺やクレジットカードの縦横比、AppleやGoogleのロゴなどにも黄金比が取り入れられています。
「黄金比」と言われると難しそうな気がしますが、実は普段の生活の中で目にするものにも多く取り入れられている身近な存在でもあるのです。

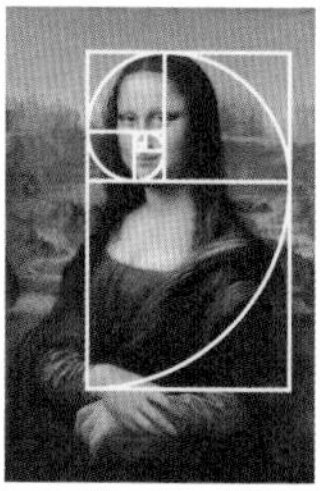

▲モナ・リザ

▲パリの凱旋門

▲クレジットカード

身の周りにある
「黄金比」を
探してみよう！

INTRODUCTION

6つの最強構図

本書で登場する6つの最強構図を紹介します。
この最強構図さえマスターすれば、レイアウトに迷うことがなくなります。
そして、機能的で効果的なデザインをカンタンに作ることができます。

最強！

COMPOSITION 01 黄金比

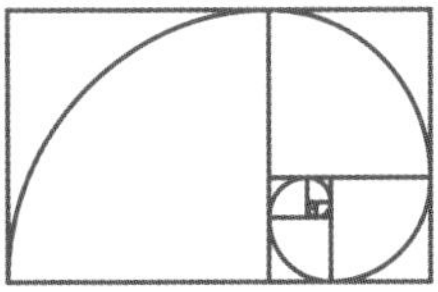

レイアウト、余白、コンテンツ、イメージ写真、ロゴデザインなど、さまざまな構図に適用することができます。部分的に当てはめたり、反転させたり、組み合わせたり…。いろいろな場面で活用できる構図です。

最強！

COMPOSITION 02 三分割

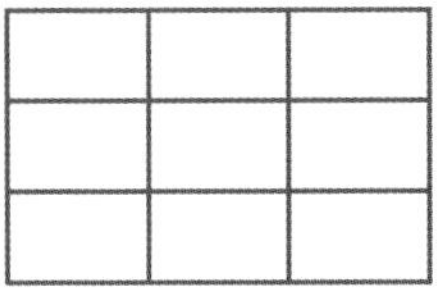

縦横を三等分に区切った構図。写真撮影で知られているテクニックですが、デザインの世界でもよく利用されています。ライン上、もしくは線の交点に要素を配置すると安定感が得られます。要素が多いレイアウトのときにも活用できます。

最強！

COMPOSITION 03 対角線

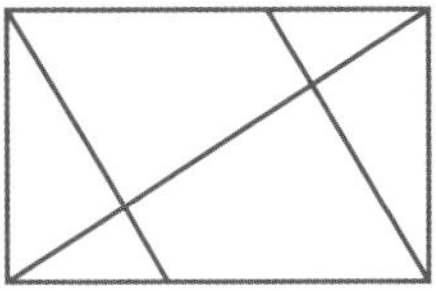

デザインに躍動感、迫力、奥行きをつけたいときに効果的な構図。人物や背景を斜めに配置したり、デザイン自体を対角線で区切ることでメリハリをつけることができます。動きをつけたいときにぴったりの構図です。

最強！

04 日の丸

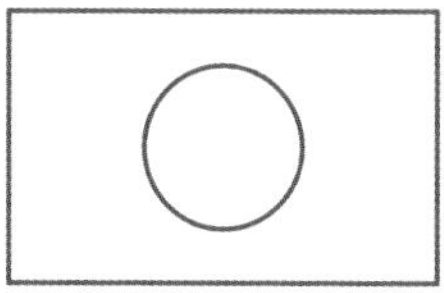

日の丸の国旗のように、主役を画面の中央に配置する構図です。注目を集め、目立たせる効果があります。伝えたい内容をストレートに伝えることができるのが、日の丸構図のメリットです。

最強！

05 シンメトリー

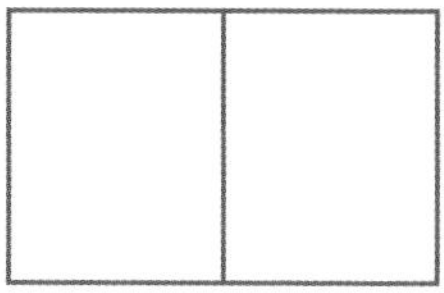

中央で二分割した構図。歪みのない対称のものは、安定感や美しさ、誠実な印象を与えることができます。シンプルで落ち着いたデザインや、2つのものを相対させたいときにぴったりです。単調になるときは、色やあしらいでアクセントを作りましょう。

最強！

06 トライアングル

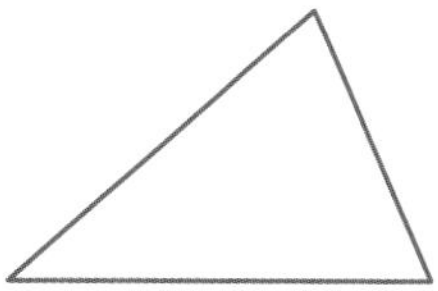

デザインの中に三角形ができるように配置する構図のこと。奥行きや安定感を出す効果があり、人に安心感を与えやすいレイアウトとも言われています。逆三角形にして使うと緊張感や動きを演出できます。

キーワードから使う構図を選んでみよう！

安定感 美　感 調　和	整　列 統一感 信頼感	躍動感 迫　力 遠近感	印象的 象徴的 存在感	相対的 規則的 真面目	安定感 緊張感 奥行き
↓	↓	↓	↓	↓	↓
黄金比	三分割	対角線	日の丸	シンメトリー	トライアングル

構図によって与える印象がこんなにも変わる！

HOW TO DRAW

構図の描き方＆ダウンロード

本書で登場する6つの構図の描き方を紹介します。
基本的な描き方を知っておけば、
どんなサイズでも迷うことなくデザインできます。

黄金比の描き方

STEP
01

❶ 任意の正方形を描く。
❷ 正方形の一辺を半径とする円弧を内側に描く。

STEP
02

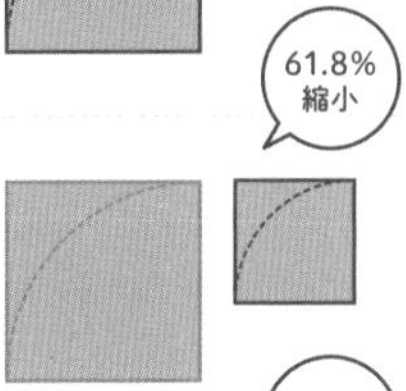

❶ [01] で描いた正方形と円弧をコピーして61.8%に縮小する。

STEP
03

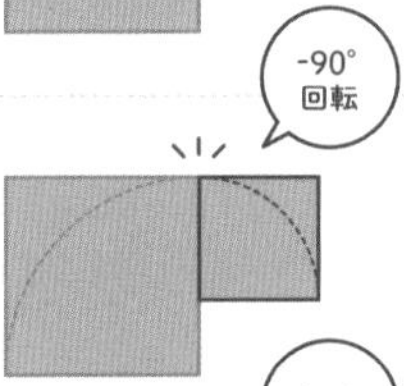

❶ [02] で作った正方形を90°回転させて、図のようにピタッと合わせる。

STEP
04

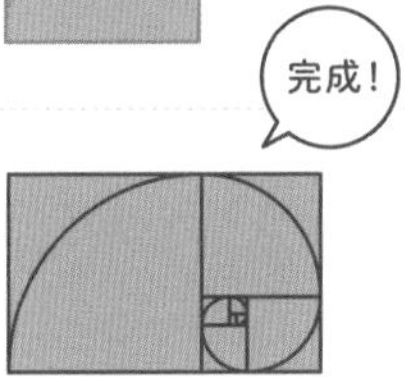

❶ [02] と [03] をあと5回繰り返して、黄金比の完成！

すぐ使える！

構図データをダウンロードできます！

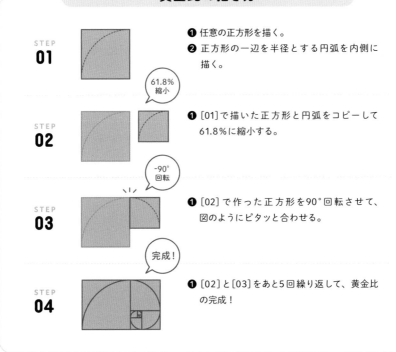

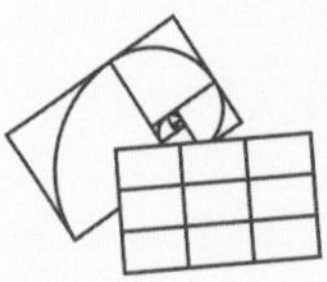

本書で紹介している6種類の構図データを下記のWebサイトからダウンロードできます。構図データはAI形式、PNG形式をご用意していますので、各種デザインワークにご活用ください。
※詳細はダウンロードデータに同梱の「Readme」をご参照ください。

https://socym.co.jp/book/1395

対角線の描き方

STEP
01

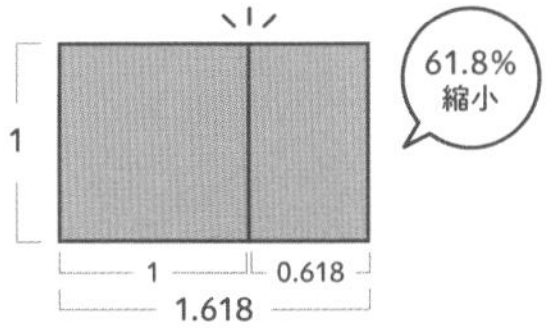

❶任意の正方形を描く。
❷ その正方形の横幅のみ 61.8% 縮小した長方形を描く。
❸ 正方形と❷で作った長方形をピタッと合わせる。

STEP
02

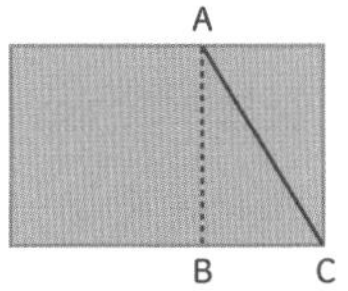

❶ 正方形と長方形の隣接した点を点A、Bとする。
❷点Aと点Cに対角線を引く。

STEP
03

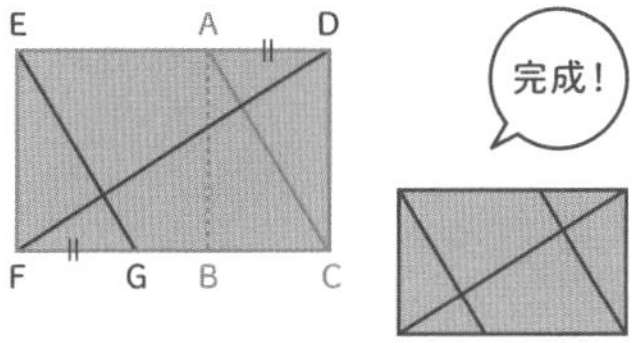

❶辺AD=辺FGになるように点Gをつくる。
❷ 点Eと点Gに対角線を引く。
❸ 点Dと点Fに対角線を引く。

三分割の描き方

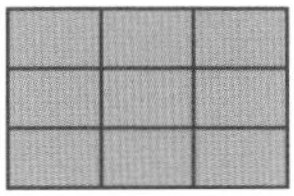

❶任意の長方形を描く。
❷縦横ともに三分割する。

日の丸の描き方

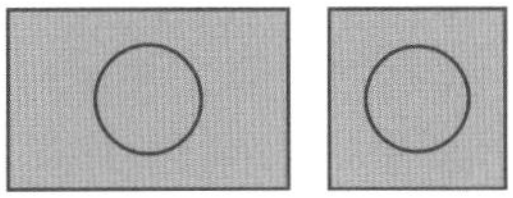

❶任意の四角形の中央に正円を配置する。

シンメトリーの描き方

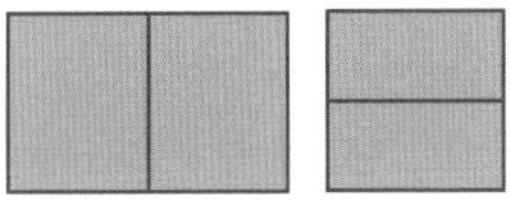

❶任意の四角形を描く。
❷ 平行線の辺の中央に縦線を引く。

トライアングルの描き方

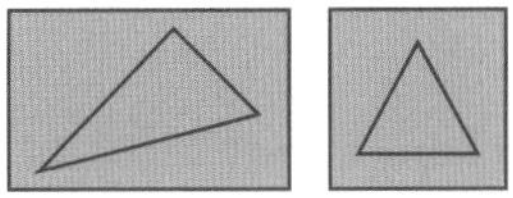

❶任意の四角形の中に三角形を配置する。
（三角形の頂点の位置は自由に動かしてOK！
いろんな三角形を作ってみましょう！）

COMPOSITION

本書の使い方

本書では構図を使ってデザインを作る流れを紹介。
1テーマを3ステップでわかりやすく解説しています。
また、作例内で使用しているフォント名やカラー値も掲載しています。

3STEPでデザイン完成！

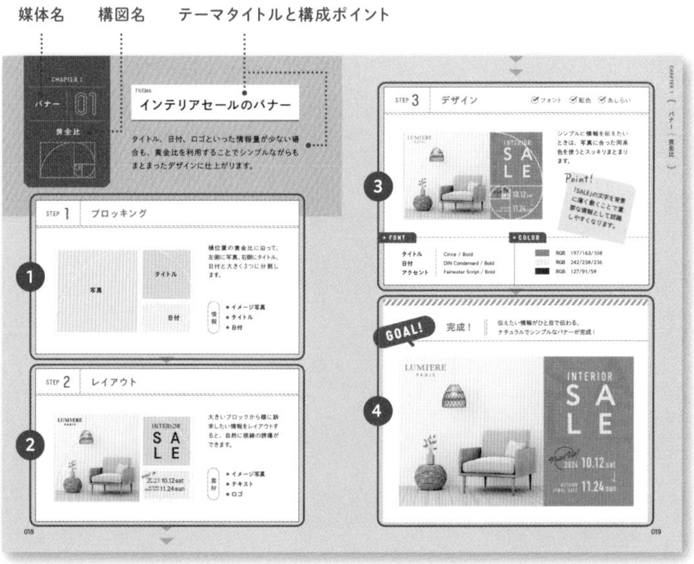

1 STEP1 ブロッキング

テキストや画像などの素材を構図に合わせてブロッキングします。

2 STEP2 レイアウト

STEP1でブロッキングしたエリアごとにテキストや写真を大まかにレイアウトします。

3 STEP3 デザイン

色やフォントをデザインします。使用フォントやカラー値、デザインのワンポイントアドバイスも掲載しています。

4 GOAL 完成！

完成したデザインです。一部のデザインは使用しているイメージ画像も掲載しています。

黄金比の使い方

PATTERN 1

デザインの中に収める

A4（210×297mm）

デザインの内側に構図を収めたレイアウト。「モナ・リザ」でも使われている手法です。

PATTERN 2

はみ出してもOK！

名刺（55×91mm）

デザインに合わせてサイズ変更やはみ出しもOK。ただし、拡大縮小するときは必ず縦横比を固定しましょう。

PATTERN 3

片側に寄せる！

SNS（300×300px）

黄金比を片側に寄せてレイアウトしてみましょう。一部に黄金比を使うだけでも、整ったレイアウトになります。

POINT!

構図は、
水平・垂直方向に
反転してOK！

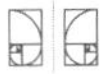

構図の使い方

構図レイヤー

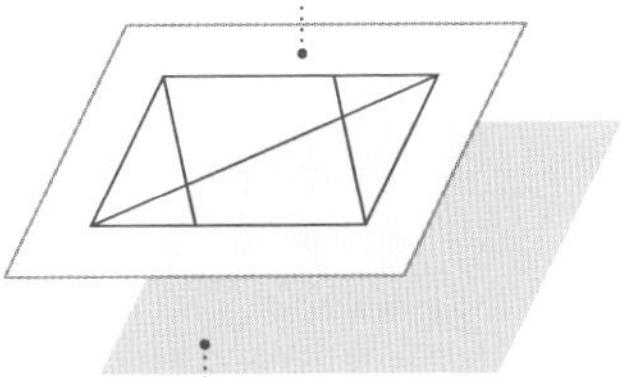

制作レイヤー

1. デザインを作っていく「制作レイヤー」と「構図レイヤー」、2つのレイヤーを作る。
2. 「制作レイヤー」の上に「構図レイヤー」を重ね、ドキュメントの上に構図を重ねる。
3. デザインに支障がない程度に「構図レイヤー」を透過（「乗算」がおすすめ！）させる。

- 構図は制作物のサイズに合わせて拡大縮小してOK！
- 拡大縮小をするときは縦横比を必ずキープ！
- 構図レイヤーを【表示 / 非表示の切替え】や【ロック】で動かないようにするとデザインがしやすい！

CONTENTS

CHAPTER 01 BANNER

CHAPTER 02 SNS

CHAPTER 03 NAME CARD

CHAPTER 04 CARD

CHAPTER 05 POP

CHAPTER 06 DM

フォントについて

本書で紹介しているフォントは一部の標準搭載フォントを除いて Adobe Fonts、または Morisawa Fonts で提供されているものです。これらは各社が提供しているフォントのサブスクリクションサービスです。なお、Adobe Fonts、Morisawa Fontsの詳細や技術的なサポートにつきましては、各社のWebサイトをご参照ください。
アドビシステムズ株式会社　https://www.adobe.com/jp/
株式会社モリサワ　https://morisawafonts.com/
※本書で紹介しているフォントは、上記サービスにおいて 2023年1月に提供中のものです。提供されるフォントは変更になる場合があります。あらかじめご了承ください。

カラー値について

本書に掲載しているカラー値は、著者が算出した参考値です。モニターの表示環境、印刷する素材やプリンター、印刷方式によって、紙面の色と見た目が異なる場合があります。あらかじめご理解ください。

注意事項

- ■ 本書中に記載されている会社名、商品名、製品名などは一般に各社の登録商標または商標です。本書中では、TM マークは明記していません。
- ■ 本書中の作例に登場する商品や店舗名、住所等はすべて架空のものです。
- ■ 本書の内容は著作権上の保護を受けています。著者およびソシム株式会社の書面による許諾を得ずに、本書の一部または全部を無断で複写、複製、転載、データファイル化することは禁じられています。
- ■ 本書の内容の運用によって、いかなる損害が生じても、著者およびソシム株式会社のいずれも責任を負いかねますので、あらかじめご了承ください。

CHAPTER

01

バナー

バナーとはWebサイト上にあるリンク付き画像のこと。
他のWebサイトを紹介する広告の役割を担っています。
バナー広告でもっとも大切なのはクリック率。
見た人が思わずクリックしたくなる
見やすくてわかりやすいバナーデザインの
作り方を紹介します。

CHAPTER 1

バナー 01

黄金比

THEMA

インテリアセールのバナー

タイトル、日付、ロゴといった情報量が少ない場合も、黄金比を利用することでシンプルながらもまとまったデザインに仕上がります。

STEP 1 ブロッキング

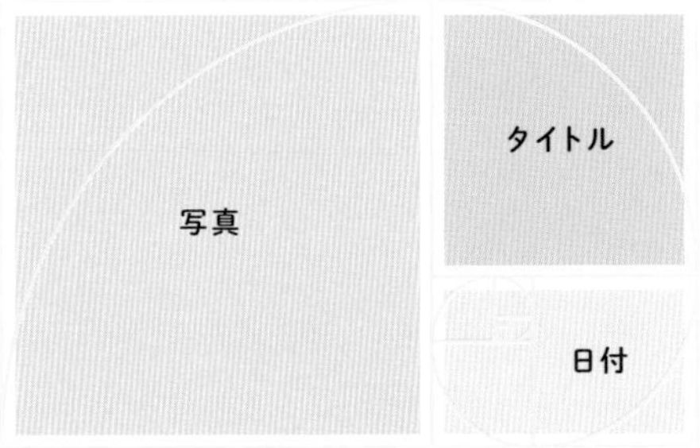

横位置の黄金比に沿って、左側に写真、右側にタイトル、日付と大きく3つに分割します。

情報
- イメージ写真
- タイトル
- 日付

STEP 2 レイアウト

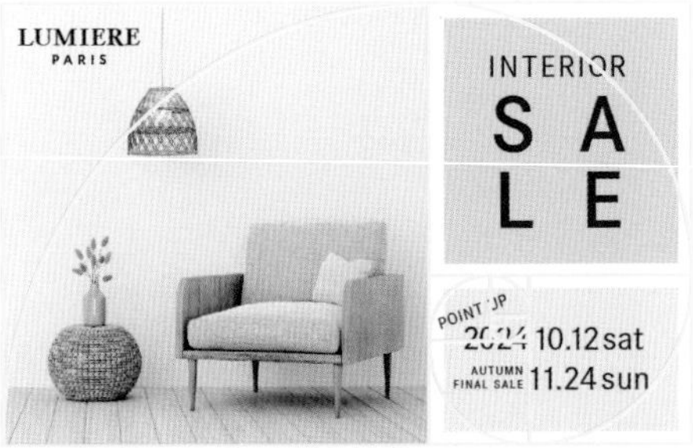

大きいブロックから順に訴求したい情報をレイアウトすると、自然に視線の誘導ができます。

素材
- イメージ写真
- テキスト
- ロゴ

STEP 3 デザイン

☑フォント ☑配色 ☑あしらい

シンプルに情報を伝えたいときは、写真に合った同系色を使うとスッキリまとまります。

Point!
「SALE」の文字を背景に薄く敷くことで重要な情報として認識しやすくなります。

• FONT

タイトル	Circe / Bold
日付	DIN Condensed / Bold
アクセント	Fairwater Script / Bold

• COLOR

RGB	197/163/108
RGB	242/238/236
RGB	127/91/59

GOAL! 完成！

伝えたい情報がひと目で伝わる、
ナチュラルでシンプルなバナーが完成！

CHAPTER 1

バナー 02

黄金比

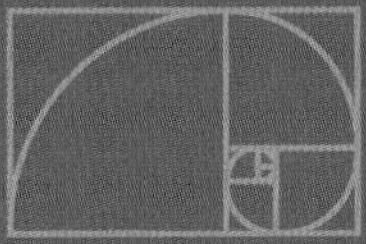

THEMA

メンズの美容特集のバナー

黄金比は回転させて縦にしたり、反転させて使用することもできます。今回は右側に視線を集めるバナーデザインを見ていきましょう。

STEP 1 ブロッキング

黄金比を反転させて写真を大きめにブロッキングします。

情報
- 商品写真
- タイトル

STEP 2 レイアウト

写真に沿うようにタイトルを配置、黄金比の渦巻きにアクセントの文字を配置して視線を集めます。

素材
- 商品写真
- テキスト

STEP 3 | デザイン

☑フォント ☑配色 ☑あしらい

商品の邪魔にならないようなレイアウトと配色でまとめます。アクセントでグリーンを使用。

Point!

アクセントにしたい文字は色を変えたり斜めに配置して目立たせてみましょう！

• FONT

タイトル	Agenda / Light・Thin
アクセント	P22 Pooper Black Pro / Regular
ブランド名	Arial Black / Regular

• COLOR

RGB	190/221/169
RGB	0/0/0
RGB	211/211/212

GOAL!

完成！

スッキリとシンプルにまとまったカジュアルな商品バナーが完成しました！

CHAPTER 1

バナー 03

三分割

THEMA

カフェの新メニューバナー

同じような種類のものが3つあるときは、画面を3等分してそれぞれの情報量が均等になるようにデザインしましょう。色分けすると種類の違いがひと目で伝わります。

STEP 1 ブロッキング

三分割のガイドに合わせて情報の位置を決めます。今回は縦に三等分します。

情報
- 3種類の商品
- タイトル
- 店名

STEP 2 レイアウト

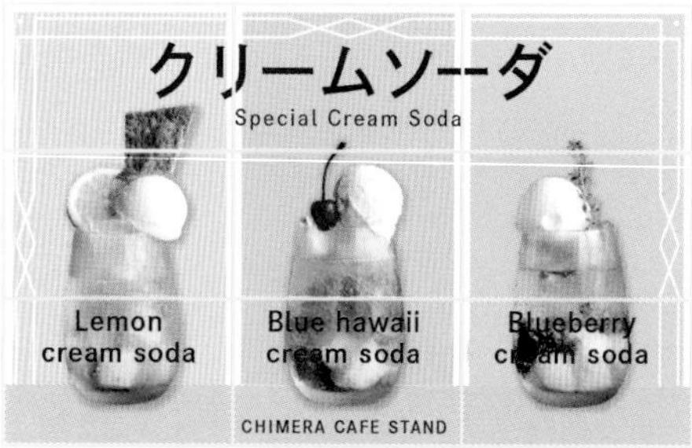

それぞれのエリアに3つの写真を配置します。情報の扱いが等分になるよう、写真は同じサイズにし、商品名も同じ位置に配置。

素材
- 商品写真
- テキスト

STEP 3 デザイン

☑フォント ☑配色 ☑あしらい

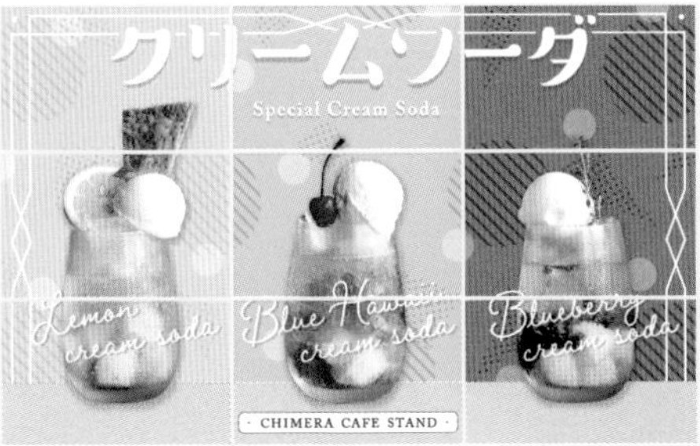

背景の色は、味の違いがイメージできる3色に色分けします。

Point!
可読性が重要ではない文字をスクリプト体にすることで、良いアクセントになります。

• FONT

タイトル	A-OTF すずむし Std / M
商品名	Braisetto / Regular
店名	Adobe Caslon Pro / Regular

• COLOR

RGB	255/232/102
RGB	172/220/234
RGB	205/143/188

GOAL! 完成！

3種類の商品が瞬時に伝わるポップなデザインが完成しました。

CHAPTER 1

バナー 04

三分割

THEMA

ファッション特集のバナー

三分割したブロックの両サイドに2枚の写真を配置したバナー。サイドを仕切るようにタイトルをセンターに配置した汎用性の高いデザインです。

STEP 1 ブロッキング

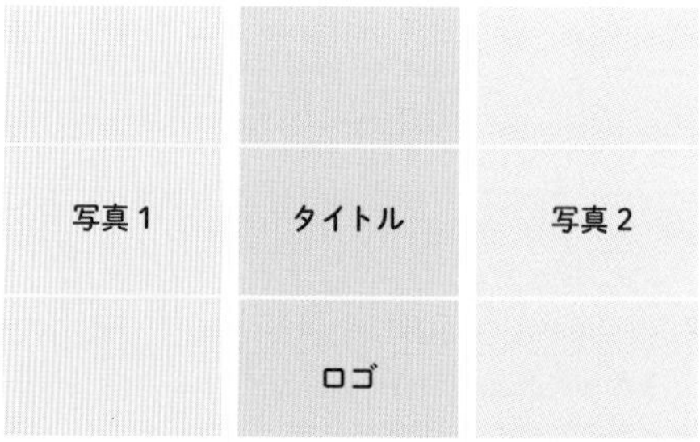

縦の線に沿って3つのブロックを作成。等分はバランスがよく見えるポイントのひとつです。

情報
- 人物写真
- タイトル
- ロゴ

STEP 2 レイアウト

両サイドに写真を配置。その写真を仕切るようにタイトルとロゴを入れてバランスをとります。

素材
- 人物写真
- テキスト
- ロゴ

STEP 3 デザイン

☑フォント ☑配色 ☑あしらい

2枚の写真に優劣がなく、かつ全体的なまとまり感を演出するため、ブラウンの同系色でまとめます。

Point!
アクセントにしたい文字は筆記体や手書き文字を使うと効果的！

• FONT

タイトル	EloquentJFSmallCapsPro / Regular
サブタイトル	Baskerville Display PT / Bold

• COLOR

- RGB 223/204/195
- RGB 131/85/50
- RGB 182/79/44

GOAL! 完成！

三等分して写真を入れるだけ！
端的に内容が伝わるバナーに仕上がりました。

CHAPTER 1

バナー 05

シンメトリー

THEMA

ファストフードのバナー

期間限定のメニューを告知するバナーデザイン。どちらも重要な2つの情報をバナーで伝えたいときは、2分割したシンメトリーでデザインしてみましょう！

STEP 1 ブロッキング

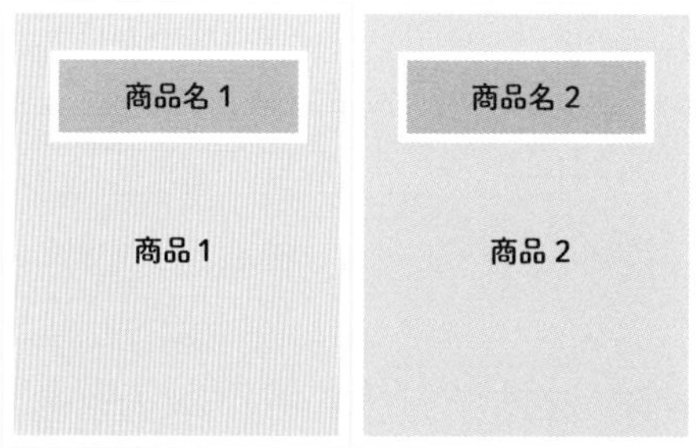

シンメトリーに沿って商品の情報をそれぞれ真っ二つにブロッキングします。

情報
- 2種類の商品
- 商品名

STEP 2 レイアウト

左右の情報が合わせ鏡になるように配置しましょう。まったく同じように配置してしまうと、別々のデザインに見えてしまうので注意。

素材
- 商品写真
- テキスト

STEP 3 デザイン

☑フォント ☑配色 ☑あしらい

パッと見て差別化しやすい配色を。目立たせたいフォントにあしらいを施し、斜めに配置して視認性UP!

Point!

コントラストの高い3色を使用し、メリハリのあるポップなデザインに！

• FONT

商品名	VDL ロゴ Jr ブラック / BK
コピー	ヒラギノ角ゴ StdN / W8
価格	Acumin Pro ExtraCondensed / Bold

• COLOR

RGB 253/209/30
RGB 0/105/71
RGB 223/6/21

GOAL!

完成！

ポップでにぎやかな配色でありながらも
安定感のある整ったデザインが完成しました。

CHAPTER 1

バナー 06

シンメトリー

THEMA

洋菓子店の新商品紹介

シンメトリーは安心感、伝統感、権威といった印象を与えるテクニックのひとつ。シックで上品なデザインはシンメトリーの効果を最大限に発揮できます。

STEP 1 ブロッキング

テキスト	写真

中央を基準に、2つにブロッキングします。

情報
- テキスト
- 商品写真

STEP 2 レイアウト

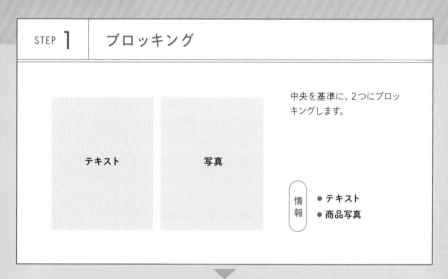

左側にテキスト、右側に商品写真を配置します。対称性が感じられるよう、この時点で要素のボリュームやバランスを調整しましょう。

素材
- テキスト
- イラスト
- 商品写真

STEP 3 **デザイン** ☑フォント ☑配色 ☑あしらい

ネイビーをメインに使い、シックで上品なデザインにまとめます。

Point!
アクセントの筆記体は写真から色を抽出してバランスよく！

• FONT

タイトル	VDL V 7明朝 / U
アクセント	Shelby / Regular
店名	VDL V 7明朝 / B

• COLOR

- RGB 17/28/49
- RGB 232/215/172
- RGB 182/189/75

GOAL!

完成！

色や形、配置やボリュームを工夫して、いろんなシンメトリーに挑戦してみましょう！

CHAPTER 1

バナー 07

対角線

THEMA

携帯会社の広告

傾けることで勢いや活気が出る対角線構図は、特に注目してほしい情報をアピールするのにぴったりです。この動きを活かした元気いっぱいなデザインを作ってみましょう。

STEP 1 ブロッキング

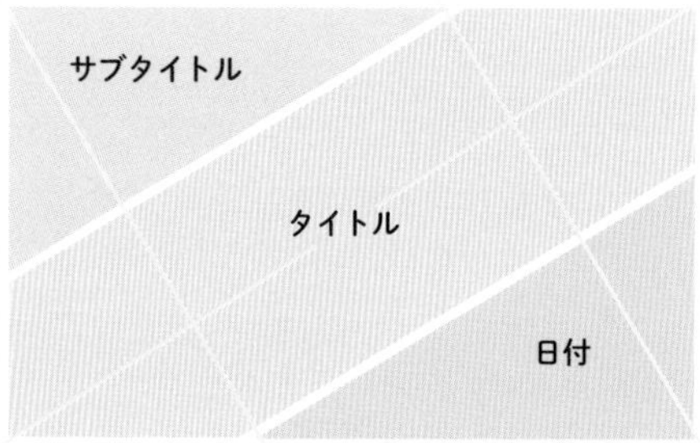

対角線のラインに沿ってブロッキングします。タイトルは大きく目立つように、面積を広めに取っておきましょう。

情報
- タイトル
- サブタイトル
- 日付

STEP 2 レイアウト

中央のブロックに商品情報をまとめて配置、対角線が交わったラインに情報がくるように意識するときれいにまとまります。

素材
- 背景素材
- テキスト
- ロゴ

STEP 3 デザイン

☑フォント ☑配色 ☑あしらい

下から斜め上に視線を誘導できるように、タイトルフォントのウェイトやアクセントフォントのカラーを変えてみましょう。

Point!

期間や日付、特典など大事な情報はフレームで囲うとアイキャッチになります。

• FONT

タイトル	Kiro / ExtraBold A P-OTF A1 ゴシック / Std

• COLOR

RGB 244/160/0
RGB 191/213/0
RGB 0/162/154

GOAL! 完成！

飛び出すようなタイトルが効いた
活気あるバナーが完成！

CHAPTER 1

バナー 08

対角線

THEMA

スキンケアの広告

要素はそのままに、背景を対角線に沿って斜めに配置して動きを出した広告バナー。真面目な中にも遊びを効かせたいときは、背景に動きを持たせると◎

STEP 1 ブロッキング

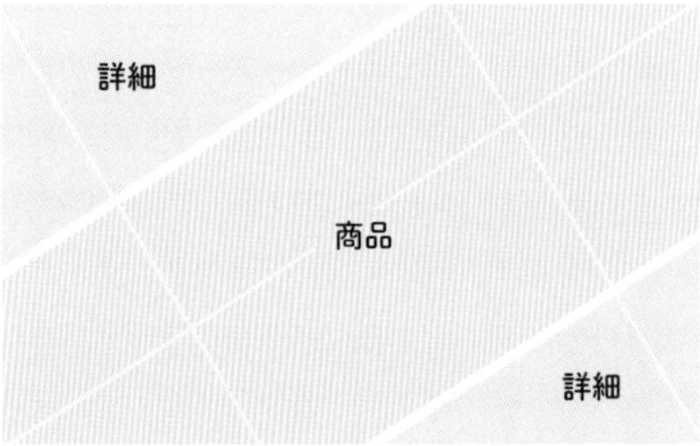

対角線のガイドに沿って、商品情報と詳細情報の２つにブロッキング。

情報
- 商品写真
- 詳細

STEP 2 レイアウト

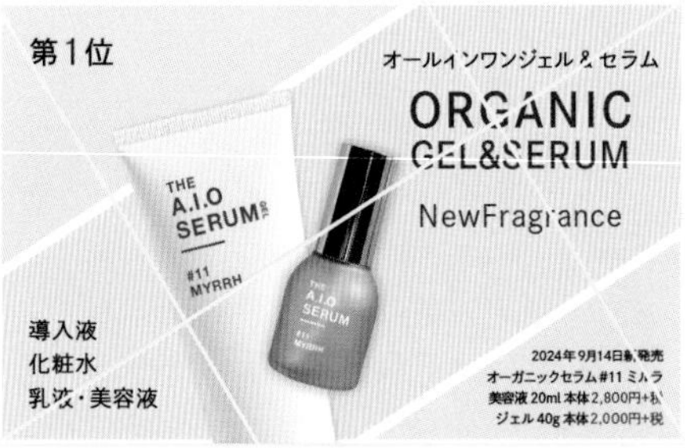

中央のブロックに商品の写真やタイトルの主要な情報をまとめます。

素材
- 商品写真
- テキスト

STEP 3 デザイン

✓フォント ✓配色 ✓あしらい

使用している写真からカラーを抽出してアクセントに使うと、それだけで統一感がぐっと上がります。

Point!

パステルカラーに黒はキツい印象になるので、グレーにしてかわいい印象をキープ！

FONT

タイトル	Sofia Pro Soft / Bold
アクセント	Braisetto / Bold
詳細	りょうゴシック PlusN / M

COLOR

RGB 255/248/160
RGB 238/180/178
RGB 76/73/72

GOAL!

完成！

要素が少なくシンプルなデザインでも、背景を対角線に沿わせるだけで動きのあるバナーが完成しました。

CHAPTER 1

バナー 09

トライアングル

THEMA

大学の開校告知バナー

トライアングルの頂点に被写体を置いた構図のデザイン。目には見えないトライアングルを意識することで奥行きや安定感の効果が生まれます。

STEP 1 ブロッキング

トライアングルのラインに合わせてタイトル、写真にブロッキングします。

情報
- 人物写真
- タイトル

STEP 2 レイアウト

テキストはトライアングルに沿うように配置。見えないラインを感じさせるレイアウトにします。

素材
- 人物写真
- テキスト
- ロゴ

STEP 3 デザイン

☑フォント ☑配色 ☑あしらい

フレッシュな印象を与える、
爽やかな配色でまとめます。

Point!
タイトルはあえて手書き文字を使用し、親近感のあるデザインに。

• FONT

情報	りょうゴシック PlusN / M

• COLOR

RGB 53/98/174
RGB 186/216/241
RGB 255/247/152

GOAL! 完成！

トライアングルの3点をおさえ、
バランスのとれた安定感あるデザインが完成！

CHAPTER 1

バナー 10

トライアングル

THEMA

スポーツイベントのバナー

逆三角形の構図でレイアウトしたバナー。三角形のレイアウトは躍動感を出したいときに最も有効なテクニックです。

STEP 1 ブロッキング

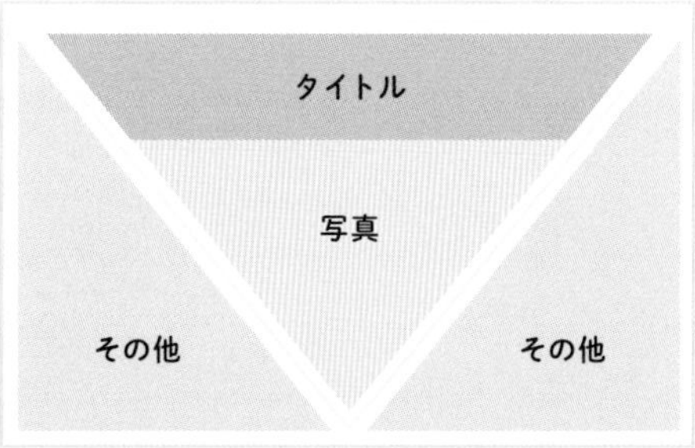

逆三角形のラインに合わせてタイトル、写真、その他の情報をブロッキングします。

情報
- 人物写真
- タイトル
- その他

STEP 2 レイアウト

三角形の3点を意識してタイトル、人物、サブタイトルを配置します。

素材
- 人物写真
- テキスト
- ロゴ

STEP 3 デザイン

☑フォント ☑配色 ☑あしらい

文字に写真をかぶせて、飛び出してきたようなインパクトのあるデザインに。

Point!

より躍動感が伝わるように背景はシンプルに。

• FONT

タイトル	DIN Condensed / Bold
サブ	Zen Antique Soft / Regular
アクセント	りょうゴシック PlusN / M

• COLOR

RGB 0/0/0
RGB 199/180/106
RGB 0/61/127

GOAL!

完成！

写真やテキストの配置方法によって
躍動感と遠近感のあるデザインに仕上がりました。

CHAPTER 1

バナー 11

黄金比

THEMA

転職サイトのバナー

正方形のバナーにも黄金比を当てはめてみましょう。文字が多くても、画面を効率的に使うことでメリハリあるデザインが作れます。

STEP 1 ブロッキング

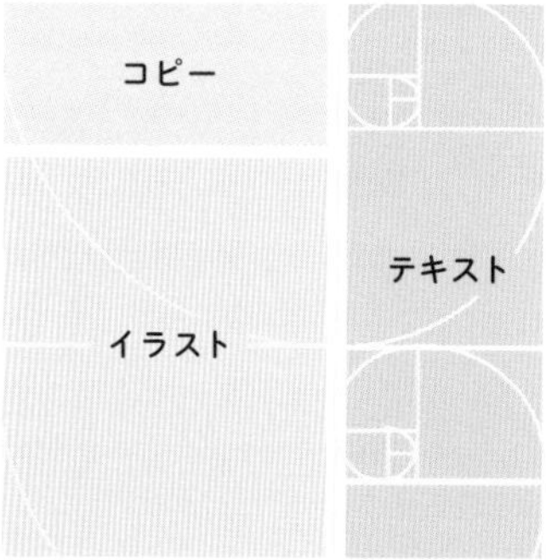

正方形のバナーに黄金比を２つ使って制作していきます。右側にテキスト、左側はイラストをメインに縦に分割します。

情報
- イラスト
- コピー
- テキスト

STEP 2 レイアウト

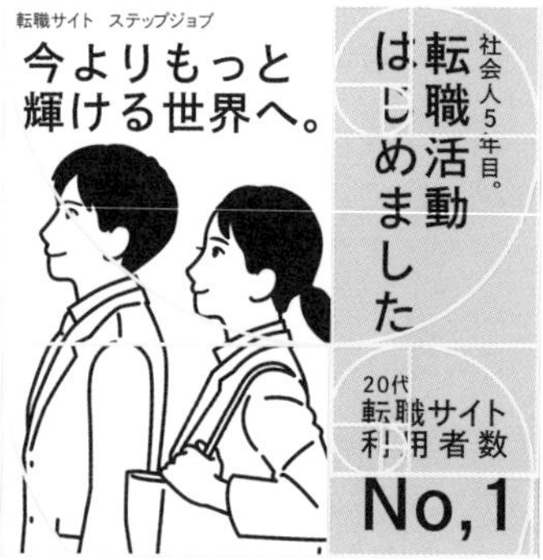

イラストをメインにしたいのでイラスト部分は大きく。右下のエリアにも小さな黄金比を使って文字をレイアウトします。

素材
- イラスト
- テキスト

STEP 3 デザイン

☑フォント ☑配色 ☑あしらい

転職サイト ステップジョブ
今よりもっと
輝ける世界へ。
社会人5年目。
転職活動
はじめました
20代
転職サイト
利用者数
No,1

少ない色数とゴシック体で、かっちりした印象を作ります。

Point!

黄金比の曲線上に要素を配置すると視線の動きに合わせて目に留まりやすくなります。

• FONT

タイトル	A P-OTF A1ゴシック Std / M
コピー	A P-OTF A1ゴシック Std / B
No.1	A-OTF 見出ゴ MB31 / Pr6

• COLOR

- RGB 74/173/184
- RGB 0/120/154
- RGB 251/196/0

GOAL!

完成！

コピー&イラスト→タイトルへと
視線が自然に流れるバナーになりました！

転職サイト ステップジョブ
今よりもっと
輝ける世界へ。
社会人5年目。
転職活動
はじめました
20代
転職サイト
利用者数
No,1

CHAPTER 1

バナー 12

日の丸

THEMA

旅行広告のバナー

画面を4分割して、真ん中にタイトルを配置した日の丸構図。初心者でも簡単にデザインできる、バナーでも定番の構図です。

STEP 1 ブロッキング

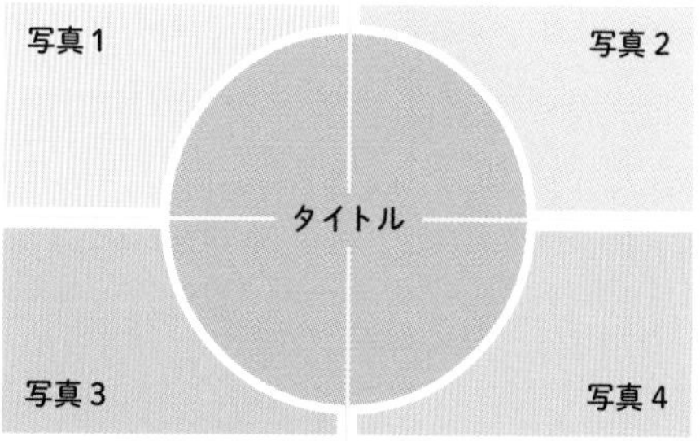

均等に4分割し、中心に丸を置いてタイトルエリアを設けます。

情報
- イメージ写真
- タイトル

STEP 2 レイアウト

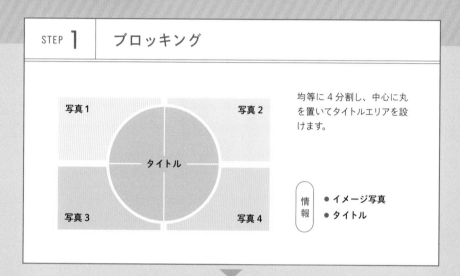

各写真のメインとなるモチーフは、丸にかぶりすぎないようにトリミングしましょう。続けて、丸の中にタイトルと詳細情報を配置します。

素材
- イメージ写真
- テキスト

STEP 3 デザイン ✓フォント ✓配色 ✓あしらい

タイトルにフレームやあしらいをつけて雰囲気を演出。シンプルな構図なのでここで遊び心を効かせましょう。

Point!

丸を透過させると爽やかに島や海を連想させるイメージに。写真もしっかり見えて◎

• FONT

タイトル	A P-OTF くれたけ銘石 StdN / B
詳細説明	AB-suzume / Regular
欧文タイトル	A P-OTF A1 ゴシック Std / M

• COLOR

RGB 140/191/212

RGB 99/172/205

GOAL!

完成！

島や海に行ってみたくなる
爽やかなデザインが完成！

CHAPTER 1

バナー 13

三分割

THEMA

母の日のバナー

整然として落ち着いた印象を与える三分割構図。テキスト部分と画像部分に分けたデザインで、情報が整理された正方形バナーを制作しましょう。

STEP 1 ブロッキング

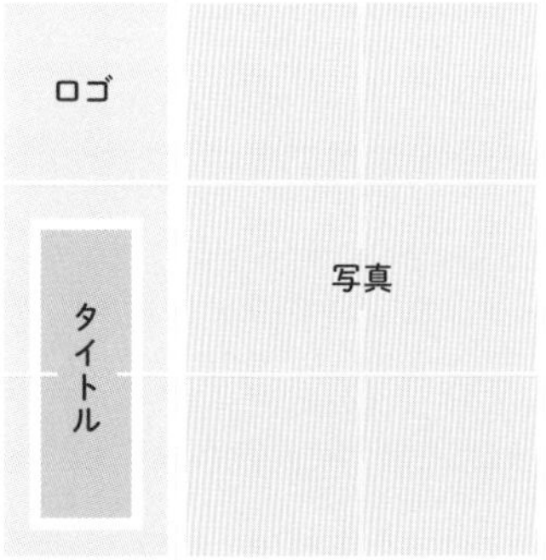

三分割に沿って、商品写真は右、文字情報を左にまとめてブロッキングします。

情報
- イメージ写真
- タイトル
- ロゴ

STEP 2 レイアウト

商品写真は、右側 2 ブロックを使用した大きめのレイアウト。店名ロゴ、タイトルは三分割のブロックに収まるように配置。

素材
- イメージ写真
- テキスト
- ロゴ

STEP 3 デザイン

☑フォント ☑配色 ☑あしらい

ブロックごとに背景を色分けして、より三分割構図を意識してデザイン。

Point!
花の写真に合わせた暖色を背景色にすることで女性らしい印象のバナーに仕上がります。

• FONT

タイトル	源ノ明朝 / Regular
日付	Europa / Bold

• COLOR

RGB 241/144/105
RGB 244/165/130
RGB 253/232/219

GOAL! 完成！

きちんと三分割した規則的なレイアウトでも
堅苦しくなく優しい印象のデザインに仕上がりました。

CHAPTER 1

バナー 14

三分割

THEMA

ドーナツフェアのバナー

上下左右ともに3等分にした9ブロックをベースにデザインしてみましょう。堅苦しくないイメージに仕上げることに気をつけて！

STEP 1 ブロッキング

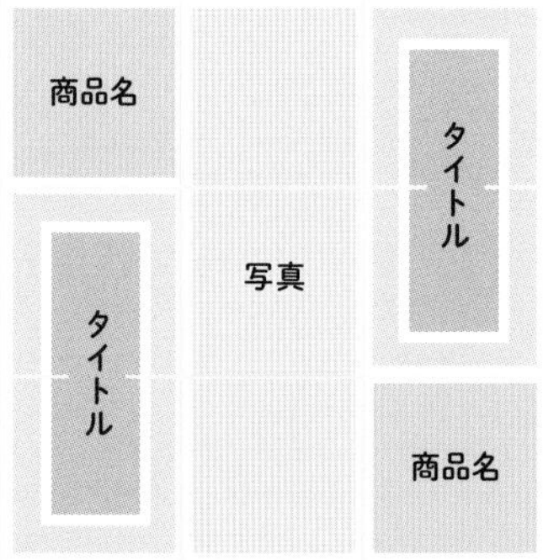

三分割の上下左右に合わせて位置を決めます。商品写真は中央に大きめに配置します。

情報
- イメージ写真
- タイトル
- 商品名

STEP 2 レイアウト

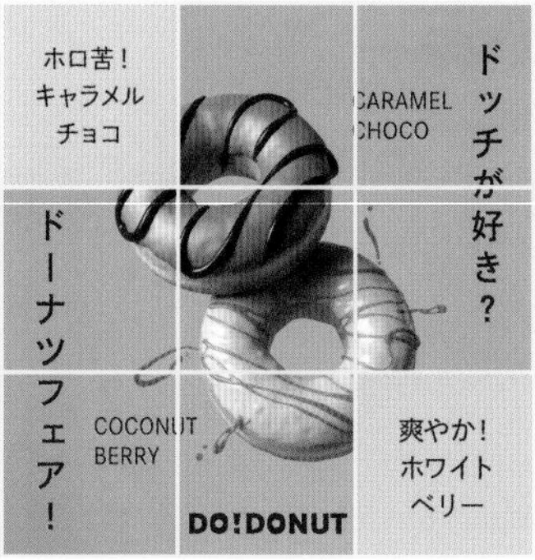

それぞれの位置に合わせ、商品名、タイトルなどを配置します。写真は大胆に中央へ配置。

素材
- イメージ写真
- テキスト
- ロゴ

STEP 3 デザイン ☑フォント ☑配色 ☑あしらい

斜めに区切った背景でリズムが生まれ、楽しい印象に。

Point!
商品写真に合わせた2色をポイント使いすることで、商品の違いがわかりやすくなります。

• FONT

タイトル	AB-kirigirisu / Regular
商品名	墨東レラ / 5

• COLOR

RGB 238/171/163
RGB 196/98/48
RGB 212/68/107

GOAL!

完成！

一見ポップでにぎやかですが、三分割により文字や写真の配置が整って見やすいレイアウトになりました。

CHAPTER 1

バナー 15

対角線

THEMA

インテリアショップのバナー

対角線で二分割する構図で、斜めの写真を多用したバナーデザインにトライしましょう。写真と文字をはっきりブロッキングする、わかりやすいデザインです。

STEP 1 ブロッキング

対角線で上下にブロッキングします。今回は一番広いブロックを商品写真にします。

情報
- イメージ写真
- タイトル
- ロゴ

STEP 2 レイアウト

複数の写真を規則性のある配置でスッキリと。下部にテキストを配置します。

素材
- イメージ写真
- テキスト
- ロゴ

STEP 3 デザイン ✓フォント ✓配色 ✓あしらい

対角線の角度に合わせた四角形で写真をトリミングします。

Point!
文字のブロックは色味を抑えてデザインすると写真に目が行きやすくなります。

• FONT

タイトル	Sweet Sans Pro / Medium
アクセント	Professor / Regular

• COLOR

RGB 244/165/130
RGB 0/0/0

GOAL!

完成！

難しそうな対角線も
写真が映えるデザインに仕上がりました。

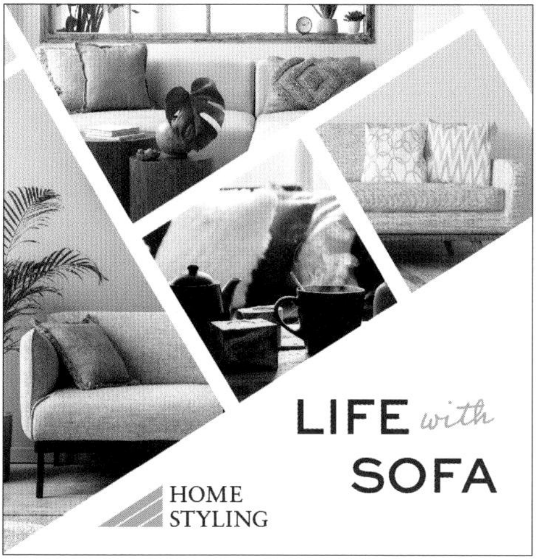

CHAPTER 1

バナー 16

トライアングル

THEMA

サンプルプレゼントのバナー

正方形に正三角形を入れた、下部に重心があるバナーデザイン。左右に生まれた余白でスッキリとした仕上がりに。

STEP 1 ブロッキング

正方形に正三角形が入る構図でブロッキングします。商品のメインが正三角形の中に入るような写真選びをしましょう。

情報
- タイトル
- イメージ写真

STEP 2 レイアウト

タイトルや文字の情報は正三角形に沿った配置で考えます。

素材
- イメージ写真
- テキスト

STEP 3 デザイン

✓フォント ✓配色 ✓あしらい

写真を配置し、商品がよく見えるよう文字をレイアウトします。

Point!

アクセントのテキストは補色を使用してさらに視認性UP!

• FONT

タイトル	りょう Display PlusN / M
サブ	平成角ゴシック Std / W7
アクセント	MrSheffield Pro / Regular

• COLOR

RGB 223/228/192
RGB 71/99/55
RGB 239/133/125

GOAL!

完成！

デザインの重心が下部にあることで安定感があり、誠実で爽やかなバナーデザインになりました。

CHAPTER 1

バナー 17

日の丸

THEMA

新作グルメのバナー

中央の写真に視線が集まるシンプルなバナーデザイン。文字の入れ方もシンプルにして余白の効果も引き出しましょう。

STEP 1 ブロッキング

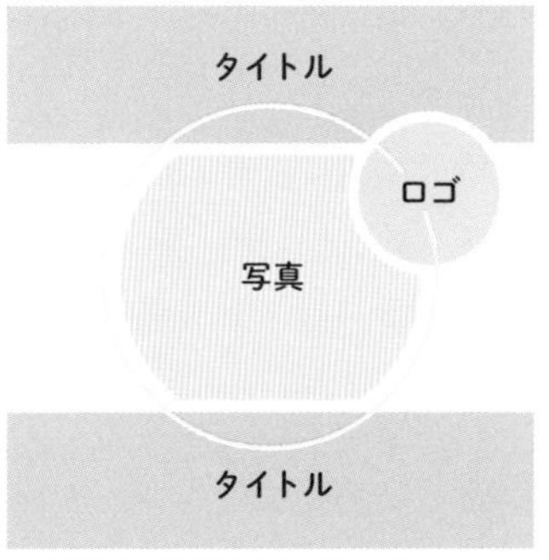

日の丸の円には商品写真、タイトルや店名ロゴは写真の邪魔にならないように端に配置。

情報
- イメージ写真
- タイトル
- ロゴ

STEP 2 レイアウト

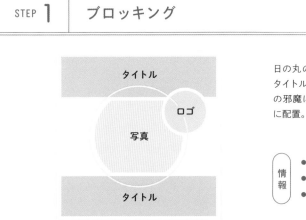

写真の上に文字情報を配置しながらも、リズムよくレイアウト。

素材
- イメージ写真
- テキスト
- ロゴ

STEP 3 デザイン

☑フォント ☑配色 ☑あしらい

商品が目立つよう、柔らかな色合いでまとめましょう。

Point!

背景も文字も緩く上下ブロッキングすることで内容をわかりやすく！

• FONT

タイトル	BC Alphapipe / Regular
日付	Triplex Cond Sans OT / Regular
サブタイトル	貂明朝テキスト / Regular

• COLOR

RGB 197/171/144
RGB 239/237/223
RGB 207/121/18

GOAL!

完成！

シンプルな日の丸ですが
作り込んだ印象のデザインが完成しました。

CHAPTER 1

バナー 18

日の丸

THEMA

サマーセールのバナー

日の丸の要領で中央に大きく数字を配置して目立たせるレイアウト。セール広告のように数字で訴求したいときに効果的です。

STEP 1 ブロッキング

円の中にタイトルが入るようにブロッキングします。

情報
● タイトル

STEP 2 レイアウト

セール告知に必要な文字をすべて中央の円にレイアウトします。

素材
● テキスト

| STEP **3** | デザイン | ☑フォント ☑配色 ☑あしらい |

円の外側には何も配置しないことで、より中央が目立ちます。

Point!

シンプルなデザインのときは、テキストを立体的に作り込んで目立たせて！

● FONT

タイトル	Oswald / SemiBold
アクセント	Dolce / Medium
詳細	平成角ゴシック Std / W7

● COLOR

	RGB 159/217/246
	RGB 243/153/53
	RGB 248/181/55
	RGB 255/242/0

GOAL! 完成！ ‖ 中央にまとめた文字が目に飛び込んでくる日の丸構図のデザインが完成しました！

COLUMN No.01

サイズ、カタチを意識しよう！

バナーのサイズ展開のポイント

バナー広告の制作では、同一デザインでのサイズ展開を求められることがよくあります。サイズが変わると、当然情報量やレイアウトも変わってきます。できる限りスムーズに仕上げるために、各サイズに適切な情報量とポイントを紹介します。

バナーの種類

バナーの種類には、レクタングル、スクエア、バナー、スカイスクレイパー、モバイルの5つの種類があります。その中でも細かくサイズが指定されていますが、ここでは日本でよく使われているバナーのサイズを紹介します。

● 一般的なバナーのサイズの一例 ●

レクタングル	300×250, 336×280, 240×400	サイドカラム（サイドバー）に表示されることが多い。もっともスタンダードなサイズ。
スクエア	200×200, 250×250, 600×600	パソコン、スマートフォンどちらにも対応していて、使用される頻度の高いサイズ。
バナー	728×90, 468×60	メインコンテンツの上部や下部、コンテンツ同士の切れ目に配置されることが多いサイズ。
スカイスクレイパー	120×600, 160×600, 300×600	「超高層ビル」という意味をもつ縦長のバナー。大きめサイズで存在感がある。
モバイル	350×50, 320×100, 640×100	モバイル、スマートフォンでよく使用されるサイズ。スクロールで追従してくるタイプも。

※単位はピクセル（px）

TYPE 1 レクタングル

レクタングルサイズはバナーの中でも、一番よく目にするサイズです。伝えたいことの優先順位を決めてから、文字の大きさやレイアウト、カラーを決めてデザインしましょう。

TYPE 2 スクエア

もとの作例
(P.052)

要素を詰め込んでしまうとごちゃごちゃして可読性の低いバナーになってしまいます。伝えたい情報は中央にまとめて、周囲の余白をバランスよく確保するのがポイントです。

TYPE 3 バナー

左から右へと視線が流れるようにデザインすることがポイント。最後にクリックしたくなるようなレイアウトを心がけてみましょう！

TYPE 4 スカイスクレイパー

広い広告スペースを使えるスカイスクレイパーバナー。上から下への視線の流れを意識して情報を配置しましょう。もっとも目立たせたい情報（写真の場合は被写体）は真ん中よりやや上に置くと目を引きやすくなります。

TYPE 5 モバイル

最も小さいサイズのバナーなので、あれこれ詰め込むのはNG。情報量を最小限に絞り、読みやすさを重視しましょう。

構図で変わる印象と活用例

6つの構図で比べてみよう！

この章で出てきた作例を、他の構図で作ってみました。構図によって印象や効果がどのように変わるのか、デザインを見比べてみましょう！

01 黄金比

もとの構図 (P.018)

写真とテキスト部分を２つに分け、黄金比の螺旋に沿って詳細情報などを配置したレイアウト。

02 三分割

風景、人物、静物でも、三分割に沿ってレイアウトすれば安定感が生まれる。

03 対角線

テキストを斜めに配置することで動きが生まれます。スタイリッシュで印象に残るデザインに。

04 日の丸

視線を中央に集めることができる日の丸構図。写真を文字で囲ってにぎやかなデザインに。

05 シンメトリー

誠実さ、安定感を与えるシンメトリー構図。にぎやかなデザインでも整って見える。

06 トライアングル

重心を下に置くことで安定感が生まれる。逆三角形でレイアウトすると動きが出せる。

CHAPTER

02

SNS

情報の発信、ブランドイメージの確立、
ファンの獲得など、さまざまな目的で
活用されているSNS。
この章では宣伝・告知などの投稿画像と
動画のサムネイルのデザインについて紹介します。

CHAPTER 2

SNS 01

黄金比

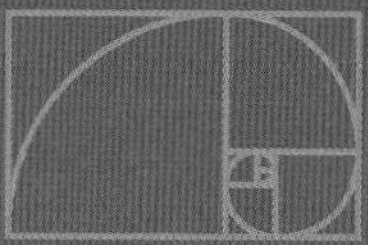

THEMA

建築事務所の広告

写真の余白スペースを黄金比の構図に合わせたシンプルなデザイン。ひと目で意味を理解できる広告デザインはユーザーの心をとらえるポイントです。

STEP 1 ブロッキング

全面に写真、渦の曲線に沿って
タイトルとロゴにブロッキングします。

情報
- イメージ写真
- タイトル
- ロゴ

STEP 2 レイアウト

写真も黄金比の構図を意識して
選定し、レイアウトしてみましょう。

素材
- イメージ写真
- テキスト
- ロゴ

STEP 3 デザイン

☑フォント ☑配色 ☑あしらい

内容をひと目で伝えられるよう、カラーはグリーン1色でシンプルに。

Point!
タイトルの下に敷いた透過オブジェクトの色は写真から抽出して統一感を。

• FONT

タイトル	りょうゴシック PlusN / M
サブ	Arya / Double

• COLOR

RGB 41/68/35

GOAL! 完成！

情報量が少ないデザインでも、黄金比を使ってレイアウトするとバランスのとれた仕上がりになります。

CHAPTER 2

SNS 02

シンメトリー

THEMA

片付け特集のSNS投稿画像

要素をすべて中心で揃えて調和の取れた印象を与えるデザイン。アクセントでアシンメトリーの要素を加えるとデザインに動きが生まれます。

STEP 1 ブロッキング

中央のガイドラインに合わせて見出し、タイトル、その他の情報が中央になるようにブロッキング。

情報
- 背景
- 見出し
- タイトル
- その他

STEP 2 レイアウト

左右対称にレイアウト。安定感はありますが、ありきたりな印象になりがちなので、重心や他の要素で動きを出す工夫が必要です。

素材
- テキスト

| STEP **3** | デザイン | ☑フォント ☑配色 ☑あしらい |

帯を敷いて下部に重心を。反対に、上部に重心を置くと緊張感のあるデザインになります。

Point!
「10選」を中央ではなく右下に置いて、アシンメトリー部分を作ることで、動きを出しています。

• FONT

| タイトル | 平成丸ゴシック Std / W8 |
| サブ | New Atten Round / Bold |

• COLOR

	RGB	85/172/152
	RGB	247/190/183
	RGB	255/232/147

GOAL! 完成！

にぎやかな色や要素でも、シンメトリーの構図でスッキリ整ったデザインに！

CHAPTER 2

SNS 03

対角線

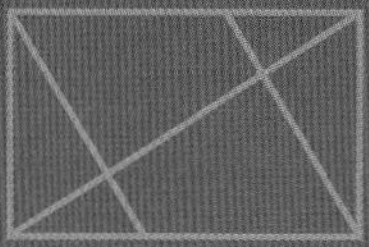

THEMA

ストレッチのSNS投稿画像

対角線上の構図により、動きを感じるデザインです。人物写真にも使いやすく、スッキリした印象に仕上がります。

STEP 1 ブロッキング

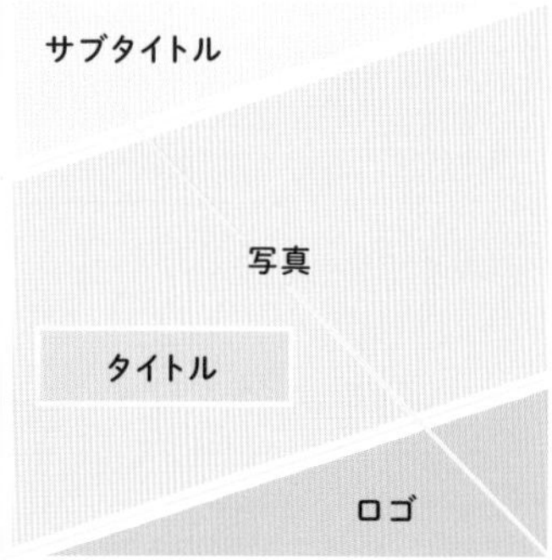

対角線に沿って2つの三角のスペースを作り、タイトルやサブタイトル、ロゴを入れていきます。

情報
- 人物写真
- タイトル
- サブタイトル
- ロゴ

STEP 2 レイアウト

それぞれのエリアにタイトルやサブタイトル、ロゴなどを配置します。

素材
- 人物写真
- テキスト
- ロゴ

STEP 3 デザイン ☑フォント ☑配色 ☑あしらい

3分ストレッチ
痩せやすい
ボディになれる！
ストレッチのコツ
PRO
STRETCH
あなたの体をサポート

フォントを斜めにすると動きが生まれます。あしらいを少し透過させてスッキリした印象に。

Point!

タイトルにラインを引いたりテキストサイズに大小をつけてメリハリを。

• FONT

タイトル	ヒラギノ角ゴシック / W7

• COLOR

RGB 202/218/41

GOAL! 完成！

スッキリとしながらも対角線の構図で、動きのあるデザインが完成しました。

3分ストレッチ
痩せやすい
ボディになれる！
ストレッチのコツ
PRO
STRETCH
あなたの体をサポート

PAL_STRETCH
3分ストレッチ
痩せやすい
ボディになれる！
ストレッチのコツ

CHAPTER 2

SNS 04

三分割

THEMA

料理レシピの投稿画像

写真とタイトルの比率にメリハリをつけたデザイン。写真がパッと目を引くデザインを作ってみましょう！

STEP 1 ブロッキング

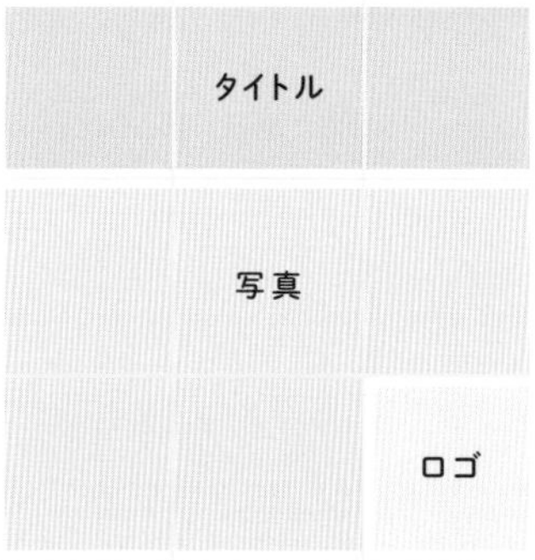

三分割に沿ってタイトル、ロゴ、写真など詳細の順にブロッキングします。

情報
- イメージ写真
- タイトル
- ロゴ

STEP 2 レイアウト

食生活気にしてる？
毎日の作り置きごはん

写真を背景にしてブロッキングした場所にタイトルとロゴを配置。

素材
- イメージ写真
- テキスト
- ロゴ

STEP 3 デザイン

フォント　配色　あしらい

食生活、気にしてる？
毎日の作り置きごはん
LIVING

タイトルの背景に緩やかな円を敷いて、柔らかい印象に仕上げます。

Point!

タイトルの「作り置き」の上にドットを置いて重要なワードを強調しています。

• FONT

タイトル	DNP 秀英明朝 Pr6 / M
サブ	ヒラギノ角ゴシック / W4

• COLOR

RGB	255/254/248
RGB	105/68/54

GOAL!

完成！

三分割によってタイトルと写真の部分にメリハリがつき、わかりやすいデザインに仕上がりました。

食生活、気にしてる？
毎日の作り置きごはん
LIVING

CHAPTER 2

SNS 05

日の丸

THEMA

ペットサロンの店舗紹介

写真の中央にロゴを配置した日の丸構図のデザイン。視覚的に訴えたいときは、大胆にロゴを配置するのも手法のひとつです。

STEP 1 ブロッキング

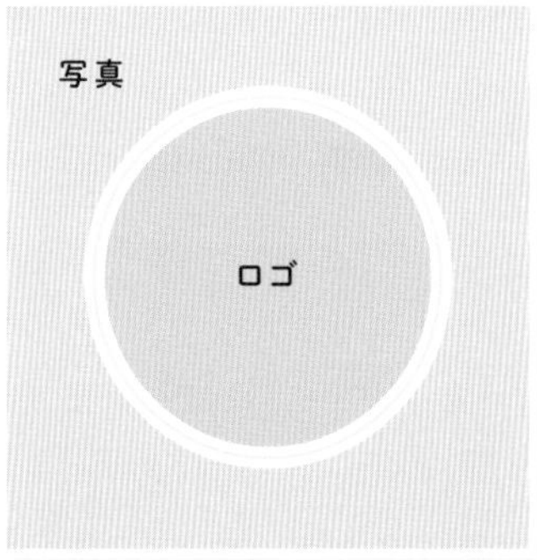

日の丸構図のガイドに沿って、シンプルに写真とロゴの2つにブロッキング。

情報
- イメージ写真
- ロゴ

STEP 2 レイアウト

写真を全面に、ロゴを中央に配置。その他の情報は上下左右にレイアウト。

素材
- イメージ写真
- テキスト
- ロゴ

STEP 3 デザイン ☑フォント ☑配色 ☑あしらい

クールなデザインに白枠をつけることによって、親しみやすさが生まれます。

Point!
ロゴの下に透過オブジェクトを敷いて、背景写真とロゴが干渉しすぎないように調整しましょう。

• FONT

タイトル	Poppins / Bold

• COLOR

RGB	50/52/52
RGB	103/102/102
RGB	249/193/93

GOAL! 完成！

ブランドイメージがビジュアルで直感的に伝わる、日の丸構図のデザインが完成しました。

CHAPTER 2

SNS 06

黄金比

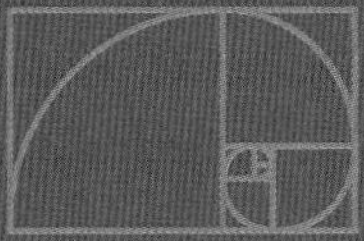

THEMA

アパレルショップの広告

一見、バラバラのように見えるレイアウトでも、黄金比のガイドに当てはめて配置していくと美しく整ったデザインに仕上がります。

STEP 1 ブロッキング

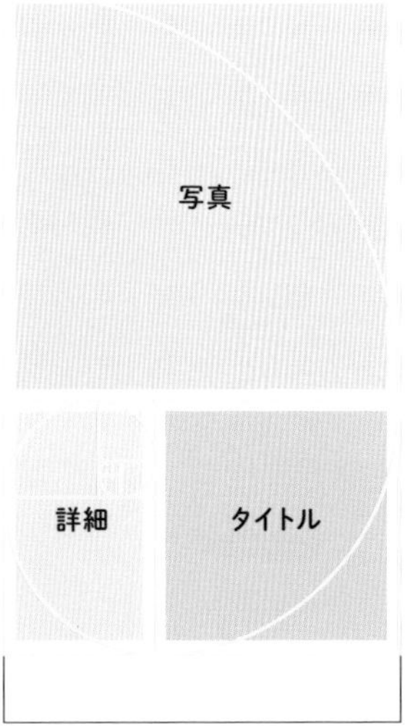

渦の大きい場所から写真、タイトル、詳細の順にブロッキングします。

情報
- 人物写真
- タイトル
- 詳細

STEP 2 レイアウト

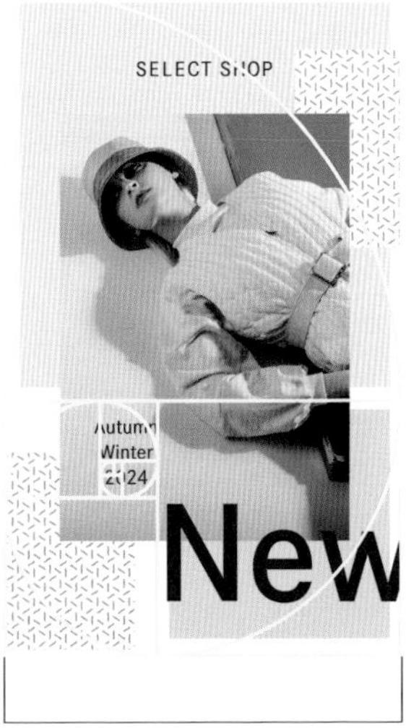

写真内の人物が、ブロッキングした正方形部分に収まるようにレイアウト。

素材
- 人物写真
- テキスト
- 背景素材

STEP 3 デザイン ✓フォント ✓配色 ✓あしらい

きちんとした印象を残しつつ遊び心もプラスしたいので、アクセントに手書き風フォントを使用します。

Point!
写真に白枠をつけて、インスタントカメラ風の仕上がりに！

• FONT

タイトル	Turbinado / Bold Pro
サブ	Davis Sans / Medium

• COLOR

RGB	240/227/205
RGB	0/0/0
RGB	191/168/108

GOAL!

完成！

手書き風フォントのアクセントが利いた、洗練＋遊び心あるデザインになりました。

CHAPTER 2

SNS 07

対角線

THEMA

新メニューのお知らせ

斜めに並ぶおにぎりの写真とテキストを、対角線のラインに沿って配置することで奥行き感のあるデザインに仕上がっています。

STEP 1 ブロッキング

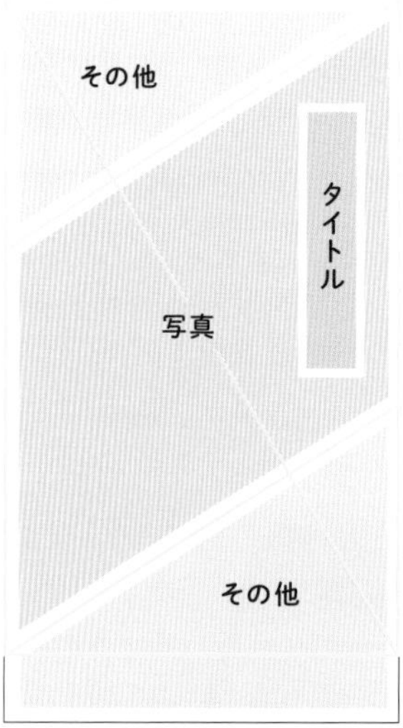

斜めのラインに沿って写真、あしらい、タイトルの3種類にブロッキングします。

情報

- イメージ写真
- タイトル
- その他

STEP 2 レイアウト

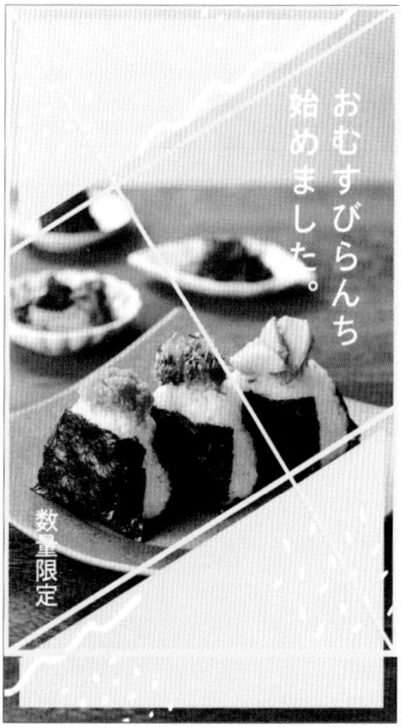

テキスト、あしらいをそれぞれ対角線に合わせてレイアウトします。

素材

- イメージ写真
- テキスト
- 装飾素材

STEP 3 デザイン

フォント 配色 あしらい

おむすびらんち
始めました。
数量限定

和の雰囲気を表現したいので、タイトルに毛筆フォントを使用します。

Point!
タイトルの下に白ベタを敷いて、毛筆フォントの印象を強めています。

• FONT

タイトル	AB 好恵の良寛さん / DB
サブ	DNP 秀英角ゴシック金 Std / B

• COLOR

RGB 255/255/255
RGB 0/0/0

GOAL!

完成！

タイトルとあしらいを対角線に合わせて配置した奥行き感のあるデザインが完成！

おむすびらんち
始めました。
数量限定

おむすびらんち
始めました。
数量限定
詳しくはこちら

CHAPTER 2

SNS 08

日の丸

THEMA

りんご狩りの広告

切り抜き写真を中央に配置したデザイン。日の丸構図とポップな配色でパッと目を引くデザインを作ってみましょう！

STEP 1 ブロッキング

タイトル
写真
コピー

日の丸のラインに沿って、中央に写真、タイトルとコピーを上下にブロッキングします。

情報
- イメージ写真
- タイトル
- コピー

STEP 2 レイアウト

Apple Picking
青森
りんご狩り
シーズン到来！
子どもから大人まで楽しめる
りんご狩り施設をご紹介！
Welcome to Aomori

一番目に入ってほしいタイトルを上部に、メインのりんごの写真を挟んだ下部にコピーをレイアウト。

素材
- イメージ写真
- テキスト

STEP 3 デザイン ✓フォント ✓配色 ✓あしらい

背景にストライプを敷いてポップで楽しげなデザインに。「青森」は白抜きにして「りんご狩り」と差別化。

Point!

「Apple Picking」は「飾り」と割り切り、雰囲気>可読性でフォントを選んでいます。

• FONT

タイトル	平成丸ゴシック Std / W8
コピー	DNP 秀英丸ゴシック Std / B
アクセント	Pauline Script / Medium

• COLOR

RGB 214/51/42
RGB 132/65/34
RGB 129/185/39

GOAL! 完成！

大きな赤いりんごがパッと目に飛び込む
印象的なデザインに仕上がりました。

CHAPTER 2

SNS 09

黄金比

THEMA

VLOGのサムネイル

黄金比に合わせて切り抜いた互い違いの写真が印象的なサムネイル。興味を持たせたいときは、少し突出したデザインに仕上げてみましょう！

STEP 1 ブロッキング

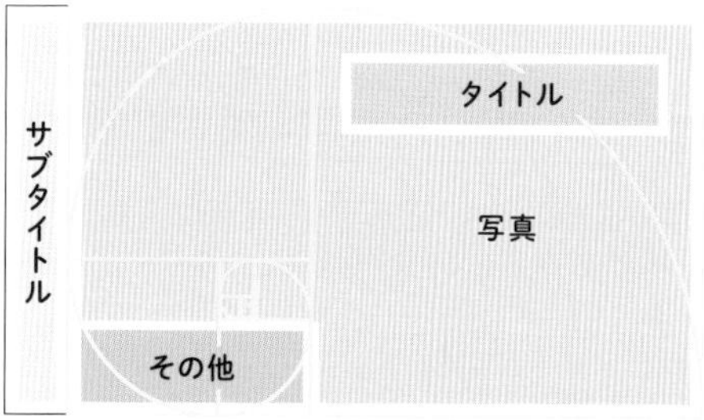

横位置の黄金比に沿って、タイトル、写真、その他をざっくりと配置します。

情報
- イメージ写真
- タイトル
- サブタイトル
- その他

STEP 2 レイアウト

黄金比の曲線に沿って写真を互い違いにレイアウト。テキストも曲線に合わせて配置します。

素材
- イメージ写真
- テキスト

STEP 3 デザイン ✓フォント ✓配色 ✓あしらい

2色のブルーでまとめ、爽やかさと統一感を演出します。

Point!

手書きのあしらいやフォントを使って、カジュアルでラフな印象に。

• FONT

タイトル	Arvo / Bold ヒラギノ角ゴ ProN / W6

• COLOR

RGB 135/163/183
RGB 82/125/157

GOAL! 完成！

少し複雑なレイアウトも、黄金比のガイドに沿って要素を配置するとスッキリまとまります。

CHAPTER 2

SNS 10

三分割

THEMA

対談動画のサムネイル

両サイドに人物写真を配置した三分割構図のデザイン。写真や文字の入れ方を工夫して軽やかで明るいデザインにまとめました。

STEP 1 ブロッキング

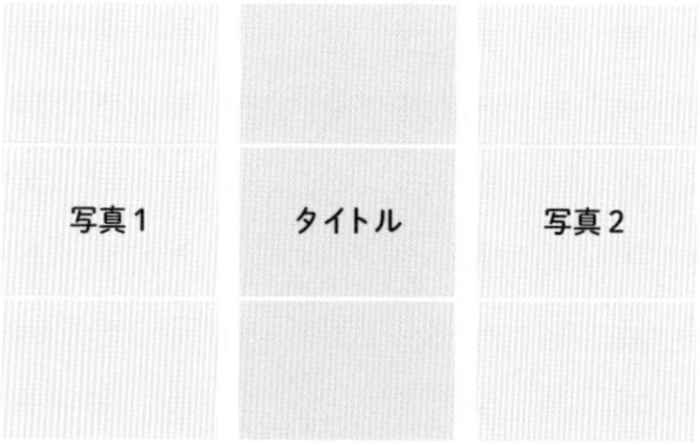

中央にタイトル、両サイドに写真で、3つにブロッキング。

情報
- 人物写真
- タイトル

STEP 2 レイアウト

三分割を意識しながらテキストをリズムよくレイアウトしていきます。

素材
- 人物写真
- テキスト

STEP 3 デザイン

☑フォント ☑配色 ☑あしらい

テーマに合わせてフォントもカラーも軽やかな雰囲気のものをセレクト。

Point!

カラフルな丸とフチ文字で「ラク」で楽しそうなイメージを作っています。

• FONT

タイトル	AB-tombo / Bold
人物名	墨東レラ / 5

• COLOR

RGB 197/163/108
RGB 250/214/194
RGB 166/206/170
RGB 255/231/146

GOAL! 完成！

整然と分けられる三分割も、写真や文字をリズムよく配置することで軽やかな印象にできます。

THEMA

トークセミナーのサムネイル

タイトルを中央に大きく、左右に人物写真を大きく配置。人物名のみ上下に分けてシンメトリーでありながら動きも感じるデザインにしましょう。

STEP 1 ブロッキング

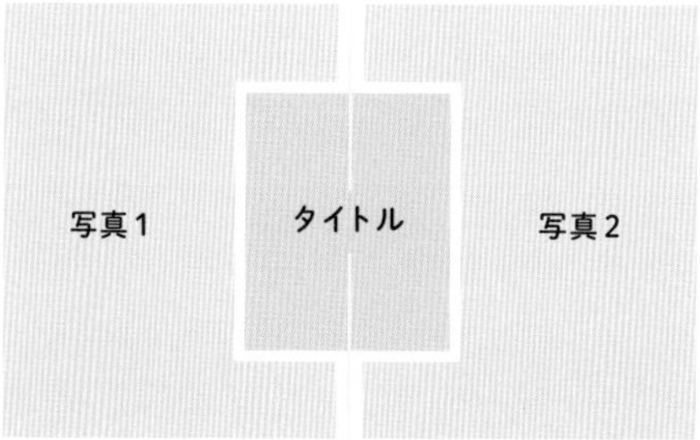

シンメトリーになるように大きく2つにブロッキング。写真を繋ぐようにタイトルスペースも確保します。

情報
- 人物写真
- タイトル

STEP 2 レイアウト

左右の人物を見せることを意識して、中央に文字をレイアウトします。

素材
- 人物写真
- 背景素材
- テキスト

| STEP **3** | デザイン | ☑フォント ☑配色 ☑あしらい |

目立たせたいタイトルには
枠囲みのデザインに。

Point!

写真をモノクロにすることで、クールでエッジの効いたイメージに。

● **FONT**

タイトル	小塚ゴシック Pr6N / L
	小塚ゴシック Pr6N / H
人物名	凸版文久ゴシック Pr6N / DB

● **COLOR**

| ■ | RGB 0/37/55 |
| □ | RGB 255/255/255 |

GOAL!

完成！ ‖ シンメトリーのレイアウトとモノクロ写真の効果で
見る人の興味を引くデザインに仕上がりました。

CHAPTER 2

SNS 12

対角線

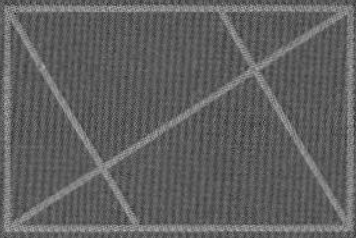

THEMA

トークライブのサムネイル

対角線に沿って被写体やロゴを配置すると、小さなサイズでも広がりを感じられるサムネイルに仕上がります。

STEP 1 ブロッキング

対角線の交差部分に、もっとも目立たせたいタイトルを配置。

情報

- 人物写真
- タイトル
- サブタイトル

STEP 2 レイアウト

写真の中の人物が対角線の交差部分にくるよう意識して配置。バランスをとりましょう。

素材

- 人物写真
- ロゴ
- テキスト

STEP 3 デザイン

☑フォント ☑配色 ☑あしらい

写真を見せるデザインにこだわりながら、ロゴを大きく目立たせます。

Point!

ロゴをメインに配置すると、シリーズの動画だと印象付けることができます。

• FONT

vol.8	Nothing / Regular
その他	凸版文久ゴシック Pr6N / DB

• COLOR

RGB 255/255/255

GOAL!

完成！

文字周りに余白を十分にとって、
目立たせたい要素を明確にしたサムネイルが完成！

CHAPTER 2

SNS 13

トライアングル

THEMA

オンラインヨガのサムネイル

三角構図を使って、被写体の女性のポーズを活かしたサムネイルデザインを作ります。ガイドがあれば、要素を配置すべき位置も自然と見えてきます。

STEP 1 ブロッキング

大きな２つの三角形のエリアに写真とテキストをブロッキング。

情報
- 人物写真
- タイトル
- 詳細

STEP 2 レイアウト

女性のポーズを活かすように文字やあしらいをレイアウトします。

素材
- 人物写真
- テキスト
- 装飾素材

STEP 3 デザイン

☑フォント ☑配色 ☑あしらい

ヨガウェアの色に合わせて爽やかなブルー系のカラーリングに。

Point!

「ヒップ」「バスト」「二の腕」は個別の白丸に入れて三角形に配置。

● FONT

タイトル	Poiret One / Regular DNP 秀英丸ゴシック Std / B
サブ	Shelby / Regular

● COLOR

RGB 125/197/232

RGB 209/227/180

GOAL!

完成！

女性の伸びやかなポーズが活きた心地よいデザインが完成。

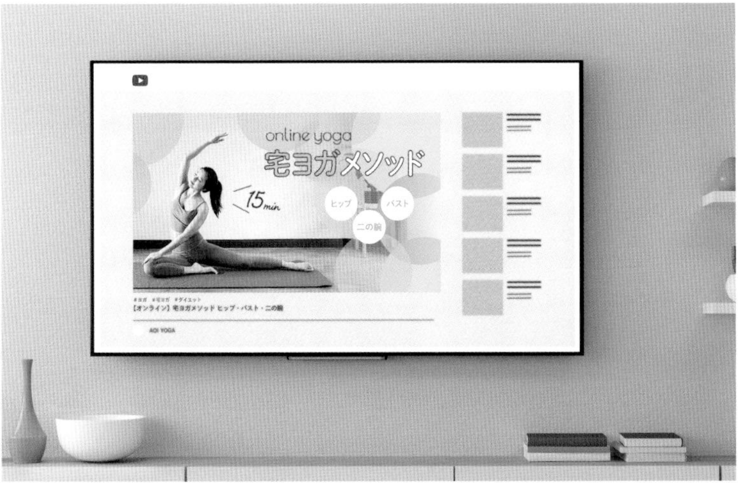

CHAPTER 2

SNS 14

三分割

THEMA

5周年のプレゼント告知

三分割構図をＬ字型にブロッキングしたデザイン。複雑そうに見えるレイアウトも、三分割のガイドに沿ってデザインすれば、それほど難しくありません。

STEP 1 ブロッキング

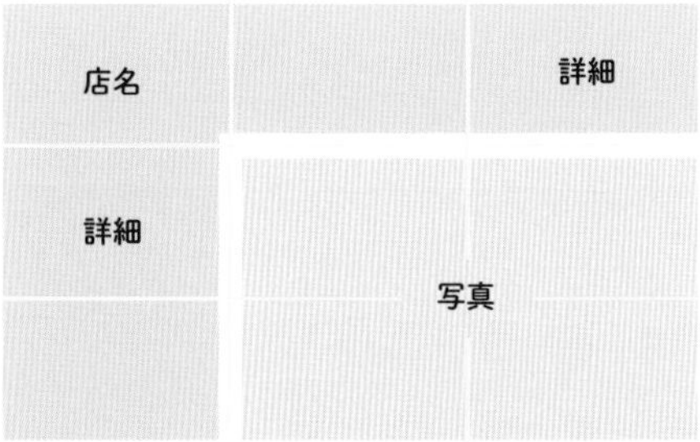

Ｌ字型に店名・詳細などの文字を割り振り、空いたエリアに写真を大きく配置。

情報
- イメージ写真
- 店名 / 詳細

STEP 2 レイアウト

Ｌ字エリアに文字を配置していきます。三分割のガイドに沿っていれば、バランスよくまとまります。

素材
- イメージ写真
- テキスト
- 背景素材

STEP 3 デザイン

☑フォント ☑配色 ☑あしらい

文字要素が多いときは余白とメリハリを意識してデザインすると、スッキリまとまります。

Point!

5周年とプレゼント部分にのみ色を入れればアイキャッチに。

• FONT

店名	Alternate Gothic No3 D / Regular
サブ	凸版文久ゴシック Pr6N / DB
アクセント	Mojito / Stamp

• COLOR

RGB 213/179/69
RGB 211/161/0
RGB 0/0/0

GOAL!

完成！

3つや9つに分けやすい三分割ですが、
L字に分けても整ったデザインに仕上がります。

CHAPTER 2

SNS 15

シンメトリー

THEMA

配信告知のサムネイル

線画のイラストを大胆にレイアウトしたサムネイル。左右シンメトリーにすることでまとまりよく、文字も見やすいデザインになります。

STEP 1 ブロッキング

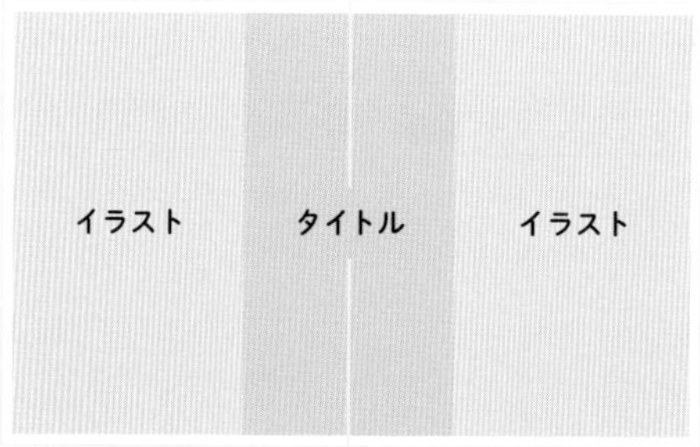

シンメトリーに合わせてイラストを左右に、タイトル文字を中央にブロッキング。

情報
- イラスト
- タイトル

STEP 2 レイアウト

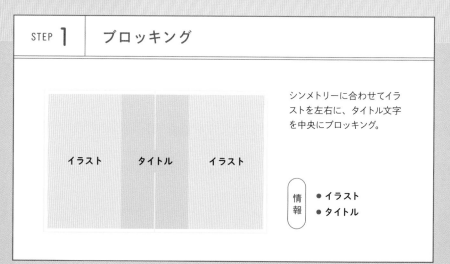

反転させた同じイラストを両サイドに配置。

素材
- イラスト
- テキスト

STEP 3 デザイン

☑フォント ☑配色 ☑あしらい

イラストに背景のあしらいを施したり、コスメのイラストも追加して華やかに仕上げます。

Point!

スモーキーな秋色でカラーリングすると季節感のあるデザインに。

FONT

タイトル	Lust / Regular
サブ	砧 丸明 Yoshino StdN / R
アクセント	Montserrat / SemiBold

COLOR

RGB	254/247/242
RGB	251/218/200
RGB	220/179/166
RGB	248/198/193

GOAL!

完成！

季節感を意識した配色とシンメトリーなレイアウトで、大人っぽく落ち着きのあるデザインになりました。

CHAPTER 2

SNS 16

トライアングル

THEMA

フィットネスのキャンペーン

上部に重心を置いたトライアングルのレイアウトはインパクトがあります。セールやキャンペーン告知の勢いあるデザインと相性のいい構図です。

STEP 1 ブロッキング

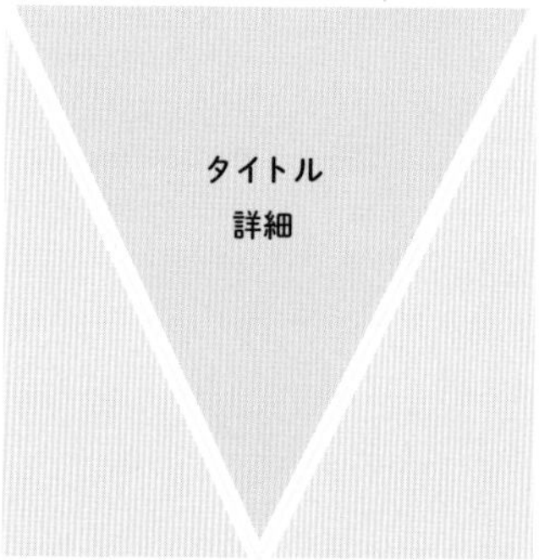

真ん中の三角形にすべての文字を配置します。タイトルは上部に大きく。

情報

- タイトル
- 詳細

STEP 2 レイアウト

トライアングルの上部のタイトルは大きく、下になるほどタイトに、吹き出しをつけてレイアウトします。

素材

- テキスト

STEP 3 デザイン ✓フォント ✓配色 ✓あしらい

下から飛び出してきたような勢いとインパクトを意識して文字をデザインします。

Point!
文字を目立たせるため、背景色は補色系をセレクト。

• FONT

500	All Round Gothic / Demi
タイトル	ニタラゴルイカ / 06

• COLOR

RGB 218/226/74
RGB 231/52/110
RGB 250/214/194

GOAL! 完成！

逆三角形の構図にすることで、目に飛び込んでくるような押しの強いデザインが完成しました。

CHAPTER 2

SNS 17

日の丸

THEMA

フラワーショップの広告

日の丸のメインエリアに花の写真をどーん！と配置したデザイン。文字情報はやや控えめにして、花の印象を際立てています。

STEP 1 ブロッキング

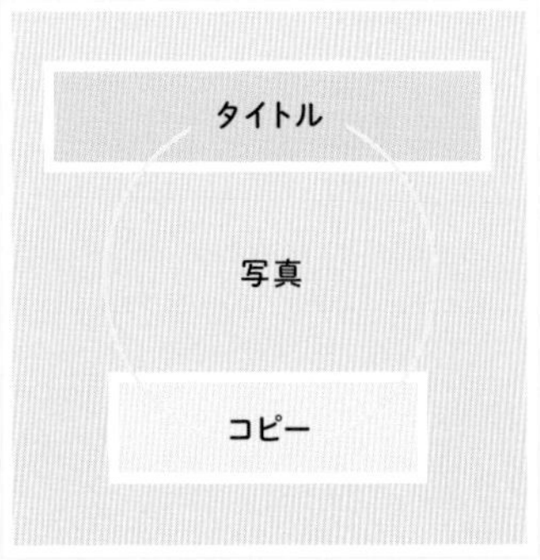

中央の円に花の写真を大きく、文字情報は写真の上下にブロッキング。

情報
- イメージ写真
- タイトル
- コピー

STEP 2 レイアウト

中央の円に大きく花がくるよう写真をトリミング。花を引き立てるように文字を配置します。

素材
- イメージ写真
- テキスト

STEP 3 デザイン

☑フォント ☑配色 ☑あしらい

everytime
Thank you!
6.9 sun 花の日
花を贈りませんか

花の写真を活かすように文字をデザイン。周囲の余白にも気を配ります。

Point!

「Thank you!」は細めの筆記体にして、こなれ感をプラス。

• FONT

タイトル	Beloved Script / Bold
サブ	DIN Condensed / Light
コピー	源ノ明朝 / SemiBold

• COLOR

RGB 222/114/15

RGB 95/110/88

GOAL! 完成！

花の写真を前面に押し出しつつも、くどくない、こなれた印象のデザインが完成！

everytime
Thank you!
6.9 sun 花の日
花を贈りませんか

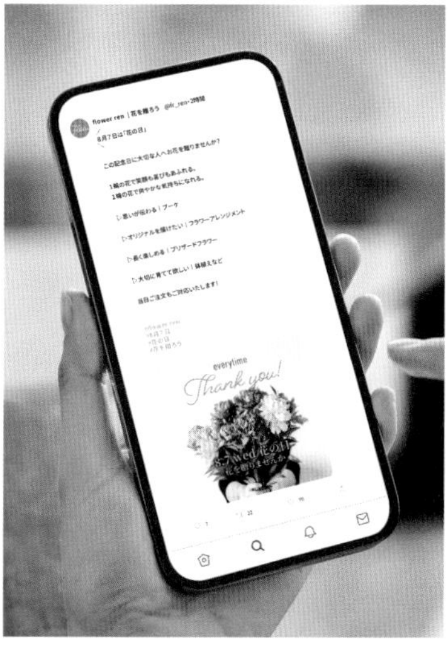

COLUMN No.02

ブランディングにも効果的！

プロフィールページの作り方

今や幅広い年代で日常的に使われているSNS。ビジネスでも欠かせないツールになっています。そんなSNSのプロフィールページに世界観を表現すると、ファン層の獲得やブランドイメージの向上に役立ちます。ここでは効果的なプロフィールページのアイデアを紹介します。

TYPE 1 レイアウトを統一して色だけ変える

撮影した写真の色合いを揃えるのは、なかなか難しい…。
そんなときは、レイアウトを揃えて統一感を出してみましょう！

背景と写真の色のトーンを揃えてみよう！

タイトルのフォントを揃えると統一感が出る！

POINT 1
上部にタイトル、下部にナンバーを配置し、雑誌の表紙のようなレイアウトに。

POINT 2
タイトルに手書き風フォントを使うことでラフな抜け感を演出。

POINT 3
写真に合った色を背景に敷くと、一枚絵としての完成度も確保できる。

POINT 4
要素を中央揃えにすることでスッキリまとまったプロフィールページに。

TYPE 2 グリッド投稿とシンプルワンカラー

1枚の写真を複数の投稿に分割した「グリッド投稿」。圧倒的なインパクトがあり、ユーザーの印象に残りやすい手法です。

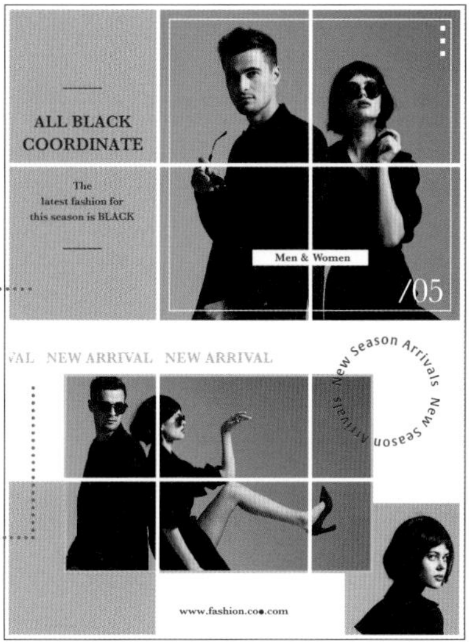

POINT 1

ごちゃごちゃせず、ランダムに配置した写真が目立つようにカラーは１色でシンプルにまとめるのがおすすめ！

POINT 2

テキストやあしらいも複数の投稿に分割！よりデザインに一体感が生まれる。

TYPE 3 色を統一してレイアウトだけ変える

背景の色味を揃えることで、レイアウトがバラバラでも統一感のあるプロフィールページが作れます。カラーは2～3色がおすすめです。

POINT 1

いろいろな形で写真をトリミング。バリエーション豊富で楽しげな印象に。

POINT 2

写真のみのシンプルな投稿を組み合わせて、全体がごちゃつかないように。

POINT 3

２色のカラーが交互になるように投稿すると、スクロールをしたときも、まとまった印象に仕上がる。

構図で変わる印象と活用例

6つの構図で比べてみよう！

この章で出てきた作例を、他の構図で作ってみました。構図によって印象や効果がどのように変わるのか、デザインを見比べてみましょう！

01 黄金比

黄金比に沿って左側にロゴ、情報をまとめて。右側に写真を大きく扱って印象を強めます。

02 三分割

横方向に3分割し、上下に写真、中央にロゴマークを配置してロゴマークをしっかり見せるレイアウトに。

03 対角線

もとの構図 (P.080)

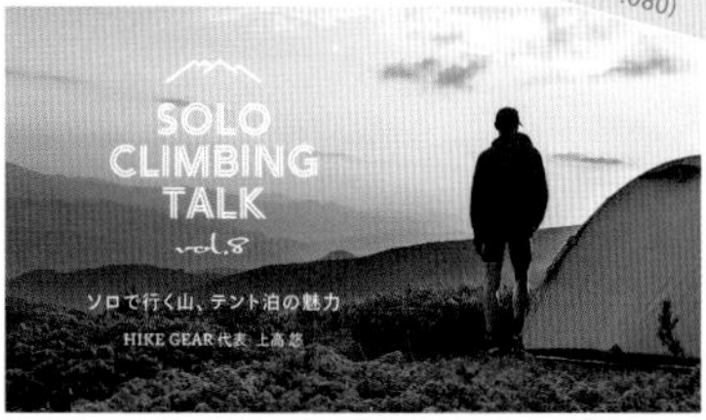

対角線に沿ってロゴを配置し、写真をトリミング。写真の広がりを効果的に表現。

04 日の丸

日の丸構図に合わせて中央にロゴマークを配置。雰囲気を保ったままロゴが際立つデザインに。

05 シンメトリー

被写体を中央に、左右にテキストを配置したシンメトリー。ロゴを下部中央に置いて安定感を。

06 トライアングル

トライアングル内にキャッチコピーを大胆に配置。野性的な遊び心も感じるデザイン。

CHAPTER

03

名刺

ビジネスツールとして欠かせない名刺。
初対面の人と会うときは第一印象が大切ですが、
名刺もその一端を担っているといえます。
この章では、見やすく、かつ相手に良い印象を与える
名刺デザインの作り方を紹介します。

CHAPTER 3

名刺 01

黄金比

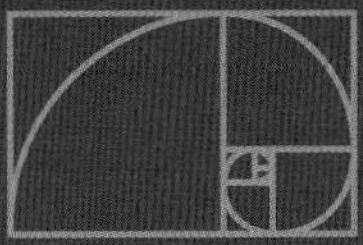

THEMA

住宅メーカーの名刺

基本情報のほか、会社理念などを入れた情報量が多い名刺も、黄金比を使ったブロック分けで、スッキリまとまったデザインに！

STEP 1 ブロッキング

主要な情報
その他
ロゴ

基本の名刺サイズに、黄金比を縦に配置して、氏名や連絡先などの主要な情報、その他の情報、ロゴの3つのスペースを作ります。

情報
- 主要な情報
- その他の情報
- ロゴ

STEP 2 レイアウト

株式会社 QIMAT
デザイン部 課長
小野田　征
MASASHI ONODA
〒330-001X
東京都都島区笹原中町 2-5-1
前島ビルヂング 3F
TEL　03-4033-55XX
MAIL　onod●@qimat.co.jp
くらしの中に、
デザインを。
http://qim●t.com
QIMAT

作ったスペースの中に、それぞれの情報を入れていきます。

素材
- テキスト
- ロゴ

STEP 3 デザイン

フォント　配色　あしらい

文字のサイズやウェイトをバランスよく調整して、余白で情報をグルーピング。

Point!

テキストだけのシンプルな名刺はコーポレートカラーを大胆に使うとアクセントに。

• FONT

情報	DNP 秀英角ゴシック金 Std / B

• COLOR

CMYK　70/60/60/10

CMYK　0/32/73/0

GOAL!

完成！

情報量が多い名刺でも、
シンプルにスッキリまとまったデザインに！

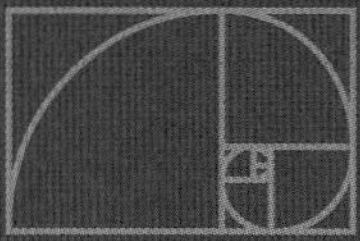

THEMA

アートギャラリーの名刺

情報を見やすく整理しつつ、余白を広めに確保したい名刺。黄金比を2つ使って整えると、余白のバランスが上手にとれます。

STEP 1 ブロッキング

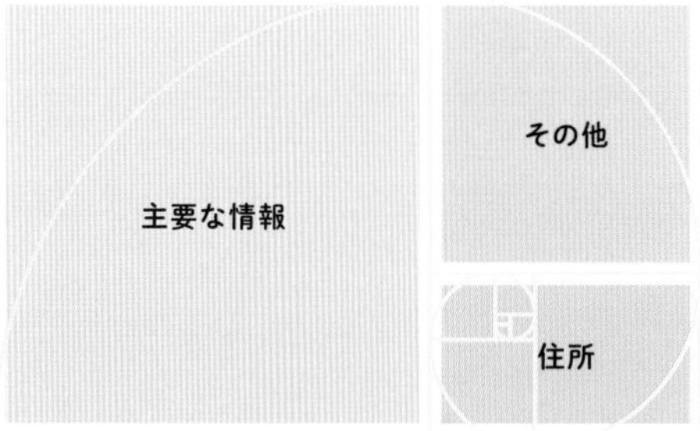

黄金比に沿って3つのスペースに分け、左の大きなスペースに氏名などの主要な情報、右に住所などの細かい情報をブロッキング。

情報
- 主要な情報
- その他の情報
- 住所

STEP 2 レイアウト

作ったスペースの中に、それぞれの情報を入れていきます。

素材
- テキスト

STEP 3 デザイン

✔フォント ✔配色 ✔あしらい

左スペース内にもう一つの黄金比を使って余白を調整します。

Point!

ロゴを背面に敷いたり、カーブのついた文章を飾りで入れるとアクセントに。

• FONT

情報	Zen Kaku Gothic New / Medium

• COLOR

CMYK	10/10/0/0
CMYK	0/0/25/0
CMYK	20/45/0/0

GOAL!

完成！

シンプルな中に、
バランスよく遊び心を入れた名刺が完成！

CHAPTER 3

名刺 03

三分割

THEMA

フォトグラファーの名刺

詳細情報もイラストもとにかくたくさん入れたい！そんなときは三分割構図でスペースを仕切ると見やすく安定感のある仕上がりになります。

STEP 1 ブロッキング

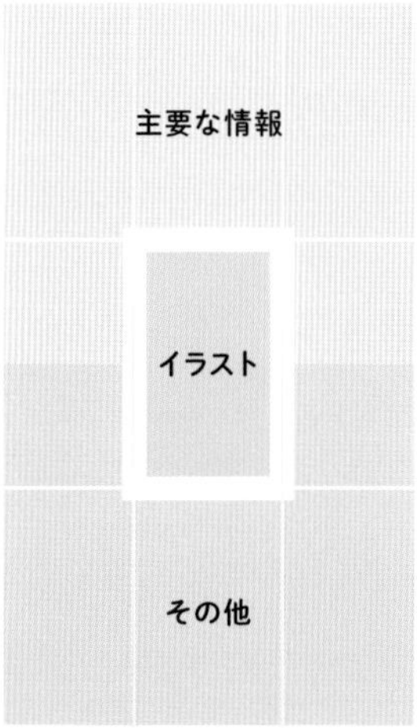

イラスト素材を真ん中に入れ、周りのブロックにテキスト情報を入れていきます。氏名などの主要な情報は上に、その他の情報を下に入れると視認性や可読性が高くなります。

情報
- 主要な情報
- その他の情報
- イラスト

STEP 2 レイアウト

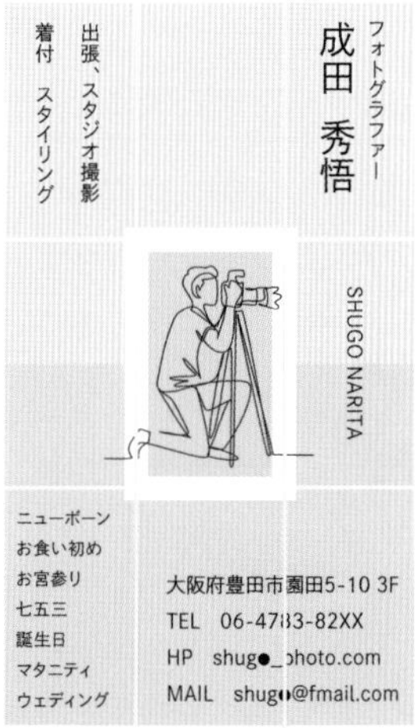

縦書き、横書きが混ざっても、2つのブロックにまたがってもOK。文字量の多いものは下部にまとめれば、重心が下がり、安定します。

素材
- テキスト
- イラスト

STEP 3 デザイン

☑フォント ☑配色 ☑あしらい

全体のバランスを見ながらフォントサイズやカーニングを綺麗に調整します。

Point!
全てを埋めず、空白のブロックを設けることで、程よい抜け感が出ます。

● FONT

情報	貂明朝 / Regular

● COLOR

■ CMYK 0/0/0/100

GOAL! 完成！

情報は盛りだくさんですが、グリッドに沿っているので安定感が生まれ、どこか抜け感のあるデザインに！

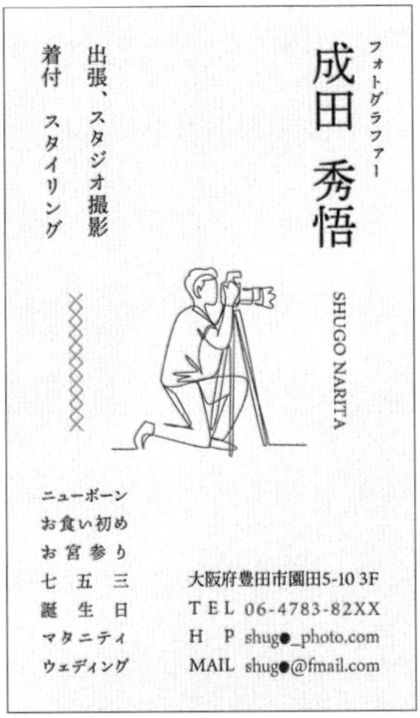

CHAPTER 3

名刺 04

三分割

THEMA

アパレル企業の名刺

ロゴを大きく使うインパクトのあるデザインも、きっちり分割したスペースに収めることでスッキリまとまったデザインになります。

STEP 1 ブロッキング

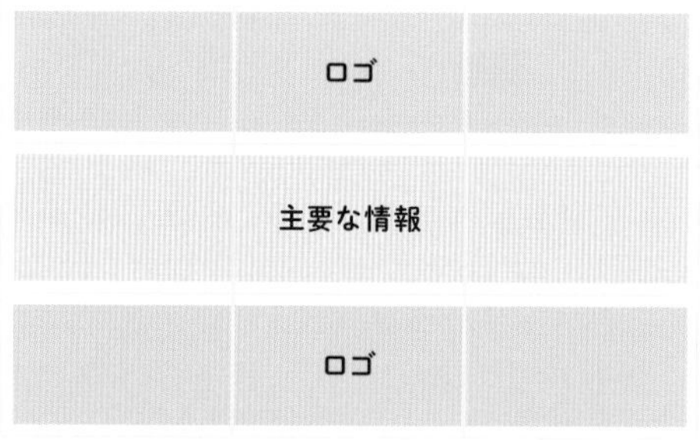

ロゴを大きく使ったインパクトのあるデザインにしたいので、まず横のラインで3つのブロックに分け、上下にロゴを、真ん中にテキスト情報を集約します。

情報
- 主要な情報
- ロゴ

STEP 2 レイアウト

スペース内に、ざっくりとテキスト情報とロゴを仮置きします。

素材
- テキスト
- ロゴ

STEP 3　デザイン

☑フォント　☑配色　☑あしらい

ロゴを上下にはみ出させて遊びのあるデザインに。テキスト情報の上下にゆとりも持たせられます。

Point!

はみ出すデザインをする時は、文字として読める程度にするのがポイントです。

• FONT

情報	Zen Kaku Gothic New / Medium・Bold

• COLOR

CMYK　48/55/70/0

CMYK　0/0/88/19

GOAL!

完成！

インパクトのあるデザインですが、きちんとブロック分けしたことで情報の可読性も確保されたデザインに！

CHAPTER 3

名刺 05

シンメトリー

THEMA

コスメショップの名刺

要素とカラーをシンメトリーにすることで、情報量の少ない名刺でも余白が間伸びせず、洗練されたデザインになります。

STEP 1 ブロッキング

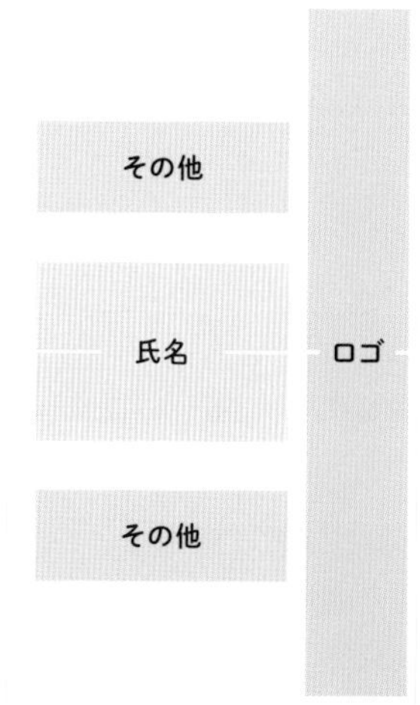

センターを起点に上下でシンメトリーになるように、氏名、その他の情報、ロゴのスペースを作ります。

情報
- 氏名
- その他の情報
- ロゴ

STEP 2 レイアウト

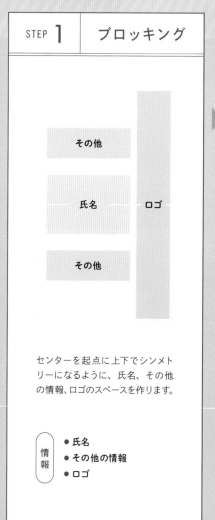

氏名をセンターで分けることで、シンメトリー感が強調されて安定感のあるデザインになります。

素材
- テキスト
- ロゴ

STEP 3 デザイン

☑フォント ☑配色 ☑あしらい

センターを境にカラーを2トーンで分けてシンメトリーを引き立たせるとおしゃれに。

Point!
太さにやや強弱がある欧文書体を使うとフェミニンなイメージになります。

• FONT

氏名	Acme Gothic / Regular
その他	Acumin Pro / Regular

• COLOR

CMYK	0/26/17/0
CMYK	21/46/37/0

GOAL! 完成！

少ない内容でも寂しくない、
シンメトリーが効いた名刺の完成！

CHAPTER 3

名刺 06

シンメトリー

THEMA

パティシエの名刺

シンメトリー構図で誠実さを、配色とあしらいで小粋なかわいらしさを演出した名刺です。クリームやスポンジをイメージした甘めの配色がポイントです。

STEP 1 ブロッキング

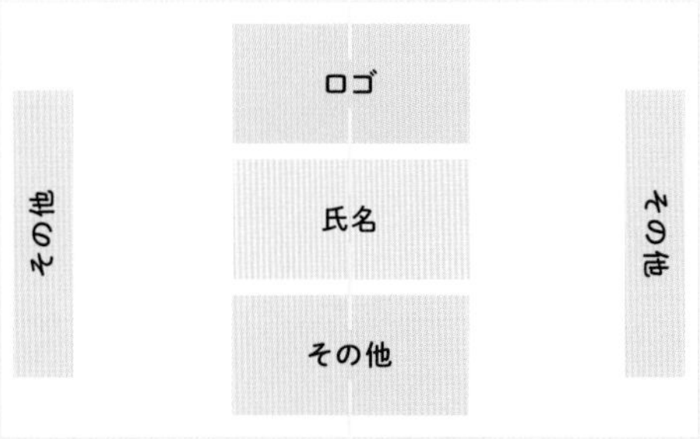

センターに氏名やロゴなどの主要な情報のスペースを作り、残りの情報は左右に分けてバランスよく配置します。

情報
- 氏名
- ロゴ
- その他の情報

STEP 2 レイアウト

スイーツ店の看板をイメージしたフレームで情報を囲み、イメージを固めます。

素材
- テキスト
- ロゴ
- フレーム

STEP 3 デザイン

☑フォント ☑配色 ☑あしらい

クリームやスポンジをイメージした配色、文字も丸ゴシックで甘くソフトな印象にまとめます。

Point!

コントラストが低めの配色なので、余白を広めにとって文字の可読性を高めます。

• FONT

氏名	FOT-筑紫B丸ゴシック Std / B
アドレス	Sofia Pro Soft / Medium

• COLOR

CMYK 24/40/50/0

CMYK 0/0/0/0

GOAL!

完成！

甘くかわいらしい中にも誠実さが感じられる、パティシエにぴったりの名刺が完成！

CHAPTER 3

名刺 07

対角線

THEMA

建築事務所の名刺

固くなりがちなビジネステイストの中に、少しだけ動的要素を入れると一段階センスアップした名刺になります。

STEP 1 ブロッキング

対角線に沿って、３つのスペースに分けます。

情報
- 氏名
- その他の情報
- ロゴ

STEP 2 レイアウト

作ったスペースの中にある程度収まるように、ロゴやテキストを入れていきます。

素材
- テキスト
- ロゴ

| STEP **3** | デザイン | ☑フォント ☑配色 ☑あしらい |

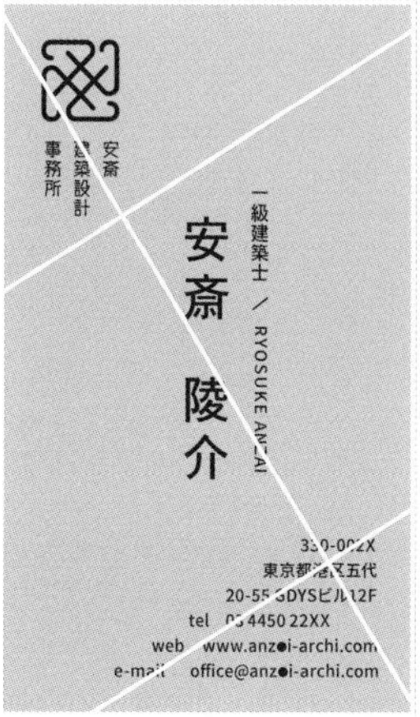

右下の詳細情報の先頭を斜め揃えにして動的な雰囲気に。ロゴと対角配置なのでバランスも◎

Point!

斜めでもガイド線に沿って配置すると、バラバラにならず、きれいに見えます。

● FONT

氏名	平成角ゴシック Std / W5
その他	源ノ角ゴシック / Medium

● COLOR

	CMYK 4/0/2/15
	CMYK 0/0/0/100

GOAL! 完成！ ‖ きっちりとした誠実な印象の中に、
少しだけ動的な遊び心を加えた名刺の完成！

CHAPTER 3

名刺 08

対角線

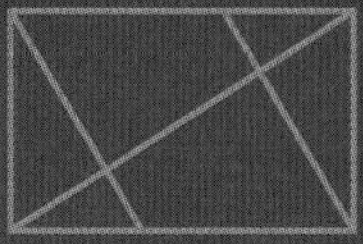

THEMA

美容院の名刺

対角線の斜めラインを使ってダイナミックに動きをつけた名刺はインパクト大！　一癖ある個性的な名刺にしたいときにおすすめです。

STEP 1 ブロッキング

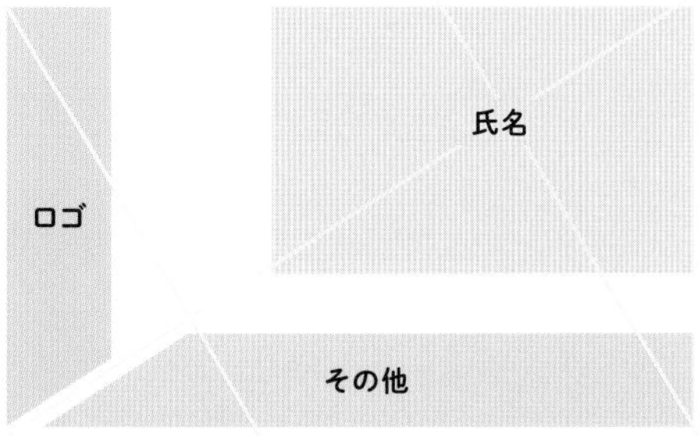

対角線が交差する右上に、今回のデザインのポイントとなる氏名のスペースを、その他の情報は斜めラインに沿って端に寄せておきます。

情報
- 氏名
- ロゴ
- その他の情報

STEP 2 レイアウト

Lively Hair
Hana Sonoda
Stylist 園田はな
TEL:03-4738-82XX WEB:www.lively-hair.com

スペースにある程度入るようにテキストやロゴを配置して、氏名は対角線と同じ角度に傾けて動きを出します。

素材
- テキスト
- ロゴ

STEP 3 デザイン

☑フォント ☑配色 ☑あしらい

躍動感のあるレイアウトに合わせ、心躍る個性的な配色とフォントを使用。

Point!

手描きの筆記体は、躍動感あるデザインに軽やかな流れを演出してくれます。

• FONT

氏名	Rollerscript / Smooth
その他	FOT-セザンヌ ProN / M

• COLOR

CMYK 0/24/25/0

CMYK 75/0/75/0

GOAL!

完成！

対角線の角度に合わせて氏名を傾けるだけでこんなに動きのある名刺になりました！

CHAPTER 3

名刺 09

トライアングル

THEMA

イラストレーターの名刺

主役であるイラスト素材をたくさん使って、名前や他の情報もスッキリ見やすくしたい！ そんなときはトライアングルに収めてみましょう。

STEP 1 ブロッキング

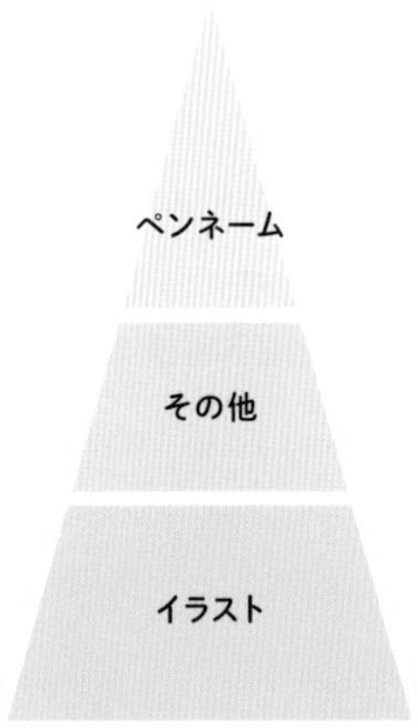

トライアングルを3つに分け、もっとも目立たせたいペンネームを上部に、広めのスペースがとれる下部にイラスト、その他を真ん中に入れます。

情報
- ペンネーム
- その他の情報
- イラスト

STEP 2 レイアウト

ペンネームは縦書きにして、レイアウトのバランスと視線誘導を両立させます。

素材
- テキスト
- イラスト

STEP 3 デザイン

☑フォント ☑配色 ☑あしらい

イラストのテイストに合わせてペンネームのフォントもかわいく。その他はベーシックにまとめて。

Point!
ペンネームは読める程度に個性的なフォントを使うと、世界観が際立ちます。

• FONT

氏名	AB-kikori / Regular
肩書き	DNP 秀英丸ゴシック Std / L
その他	Sofia Pro Soft / Medium・Light

• COLOR

CMYK	0/0/0/80
CMYK	44/0/45/0
CMYK	18/24/37/0
CMYK	0/26/21/0

GOAL!

完成！

イラストの世界観がダイレクトに伝わるおしゃれな名刺になりました！

CHAPTER 3

名刺 10

トライアングル

THEMA

デザイン事務所の名刺

シンプルなイメージはそのままにロゴのあしらいで躍動感を少しだけプラスしたデザイン。二等辺三角形の頂点を使うとバランスよく配置できます。

STEP 1 ブロッキング

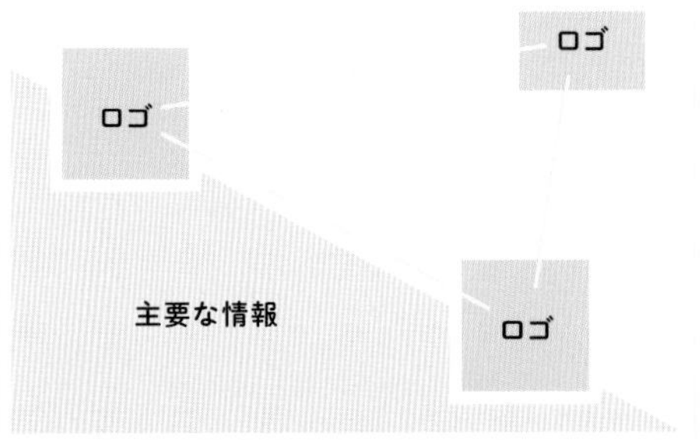

左下に主要な情報を、その上に傾けたトライアングルを配置します。3つの頂点に、分解した会社ロゴを配置するスペースを作ります。

情報
- 主要な情報
- ロゴ

STEP 2 レイアウト

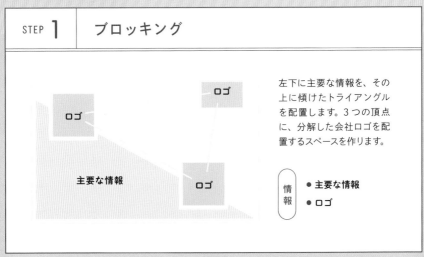

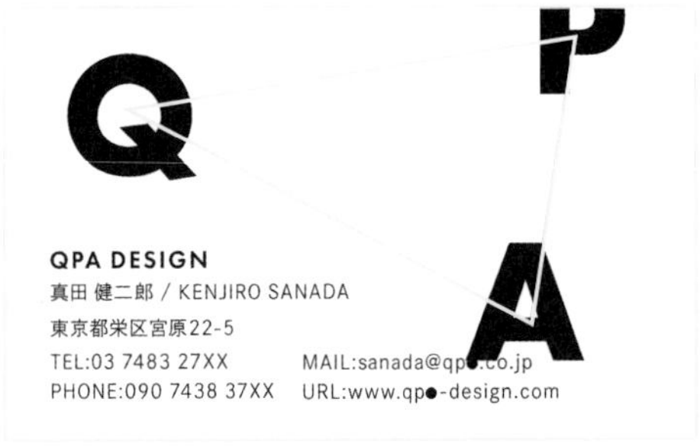

トライアングルの頂点に文字の中心がくるように配置します。

素材
- テキスト
- ロゴ

STEP 3 デザイン

☑フォント ☑配色 ☑あしらい

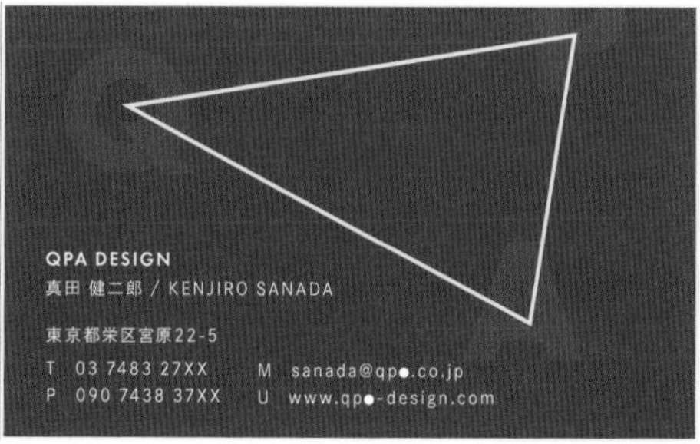

主要な情報が読みやすいよう、ロゴの色味は背景と馴染むよう調整します。

Point!

トライアングルの角度によって印象が変わるので色々試してみましょう。

• FONT

情報	DNP 秀英角ゴシック銀 Std / M

• COLOR

- CMYK 75/75/75/0
- CMYK 62/62/62/10
- CMYK 0/0/0/0

GOAL!

完成！

散らしたロゴが程よいアクセントになった、
シンプルでスタイリッシュな名刺の完成！

CHAPTER 3

名刺 11

日の丸

THEMA

鮮魚店オーナーの名刺

日の丸構図を使ってセンターのキャッチーなイラストに視線を集中させることで、ひと目で業種が伝わる明快なデザインに！

STEP 1 ブロッキング

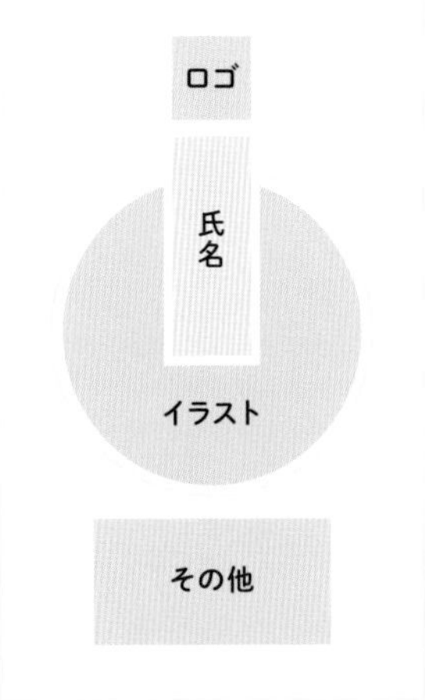

日の丸部分にイラストを、それ以外の情報はセンターを中心に縦に並べていきます。

情報
- 主要な情報
- その他の情報
- イラスト
- ロゴ

STEP 2 レイアウト

視線が集中する真ん中のイラストから少しはみ出るように氏名を配置することで、氏名にも目線がいくようになります。

素材
- テキスト
- イラスト
- ロゴ

STEP 3 デザイン

☑フォント ☑配色 ☑あしらい

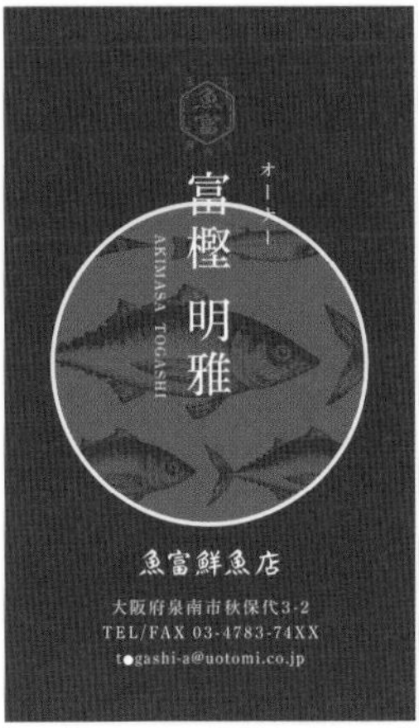

名前が読めること、背景に沈みすぎないことを条件に、イラストの色を決めます。

Point!
濃紺+ゴールド+明朝体は、上質な和テイストの鉄板の組み合わせです。

• FONT

情報	DNP 秀英四号かな Std / M

• COLOR

CMYK	95/75/45/10
CMYK	41/49/80/18
CMYK	0/0/0/0

GOAL! 完成！

イラストに視線が集中しつつ、
しっかりと情報も読める名刺の完成！

CHAPTER 3

名刺 12

日の丸

THEMA

カフェバーの名刺

センターに大きく似顔絵を使ったカジュアルな名刺。日の丸構図は正方形名刺にぴったりの構図です。

STEP 1 ブロッキング

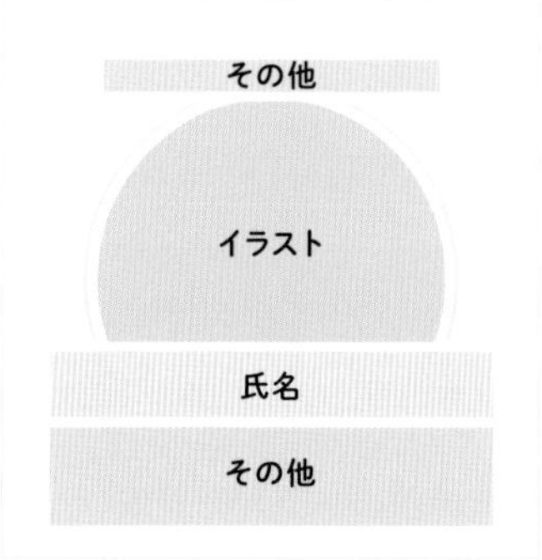

イラストスペースを真ん中に大きく取り、その上下にテキストスペースを作ります。

情報

- イラスト
- 氏名
- その他の情報

STEP 2 レイアウト

イラストはぎゅうぎゅうに配置せず、周囲の余白を意識しながら配置するとより視線を集めることができます。

素材

- イラスト
- テキスト

STEP 3 デザイン

☑フォント ☑配色 ☑あしらい

日の丸に合わせテキストをアーチ型に配置。曲線要素を入れることで親近感がアップします。

Point!

細めのゴシック体はクールでカジュアルなテイストにぴったりです。

• FONT

氏名	DIN 2014 Narrow / Bold
店名	DIN 2014 Narrow / Demi
その他	DNP 秀英角ゴシック銀 Std / B

• COLOR

CMYK	48/37/37/38
CMYK	20/15/15/16
CMYK	0/0/0/0

GOAL! 完成！

イラスト、情報、余白のバランスがちょうど良い
安定感のあるデザインになりました。

COLUMN No.03

目的によって構図を使い分けよう！

動きのあるデザインの作り方

勢いや躍動感を表現したいときは、トライアングルや対角線など、斜めラインがある構図がおすすめ。文字メイン、写真メイン、どちらにも応用できます。さらに構図の向きや使い方を変えるなどのアレンジで、さまざまな表現ができます。

TYPE 1

「トライアングル」を使ったレイアウト

逆三角形で飛び出す躍動感！

デザインのポイント

POINT 1 重要情報を大きく、その他を小さく。ジャンプ率を高くしてインパクトを！

POINT 2 構図に沿って飛び出す加工をすると、より躍動感のある紙面に。

POINT 3 ポップで楽しい配色でさらに紙面を盛り上げて。

FONT

タイトル	AB-kokoro_no3 / Regular
その他	M+ 1p / Bold

COLOR

CMYK 60/0/20/0
CMYK 0/0/65/0
CMYK 0/57/29/0

LAYOUT SAMPLE

・ デザインに大胆さや動きを演出するコツ ・

- ジャンプ率を高くしてメリハリを！
- 目立たせたい箇所を効果的に傾ける！
- 明度差、彩度差のはっきりとした配色を！

TYPE 2

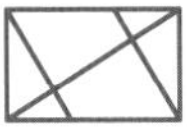

「対角線」を使ったレイアウト

タイトルナナメでスピード感！

デザインのポイント

POINT 1 タイトルを対角線に沿って右肩上がりに傾けてスピード感を！

POINT 2 手前の人物の足をタイトルの上に被せることで、奥行き感を演出。

POINT 3 他の要素は極力コンパクトにまとめてタイトルが目立つように！

FONT

タイトル	DIN 2014 Narrow / Bold
その他	Zen Kaku Gothic New / Bold・Black

COLOR

CMYK 0/100/100/15

CMYK 0/0/0/90

LAYOUT SAMPLE

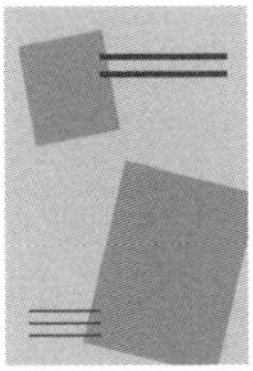

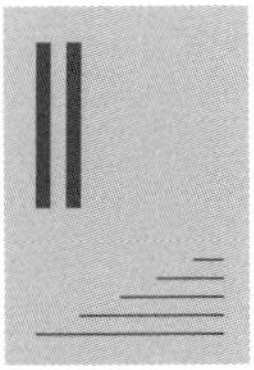

構図で変わる印象と活用例

6つの構図で比べてみよう！

この章で出てきた作例を、他の構図で作ってみました。構図によって印象や効果がどのように変わるのか、デザインを見比べてみましょう！

01 黄金比

もとの構図
(P.098)

黄金比を使って、バランスと程よい余白をキープ。遊び心も少し加えたデザインに。

02 三分割

横三分割のラインに沿って、ロゴ、会社名、主要情報を。シンプルで安定感のあるレイアウト。

03 対角線

対角線で上下に区切り、上に情報、下にロゴを。斜めのロゴがエネルギッシュな印象に。

04 日の丸

情報を中央に集約して一部を円に。ロゴもグラフィカルに配置してアーティスティックに。

05 シンメトリー

ロゴと情報でスペースを半々に。動的なロゴの隣に整頓された情報を配置してバランスを取って。

06 トライアングル

重心が下にある三角形で安定感。ロゴをパターンのように敷いて遊び心をプラス。

CHAPTER

04

カード

ポイントカード、チケットのような
お客様の手元に残るようなツールは
見やすさやイメージはもちろん、使い勝手も大切です。
優先順位を考えながら情報を仕分けて、
魅力的で使いやすいカードを作ってみましょう。

CHAPTER 4

カード 01

トライアングル

THEMA

洋菓子店のショップカード

トライアングルに沿って末広がりにロゴを大きく配置したデザイン。中央に三角形を置くことで下部に重心が生まれ、安定感が心地よいレイアウトに。

STEP 1 ブロッキング

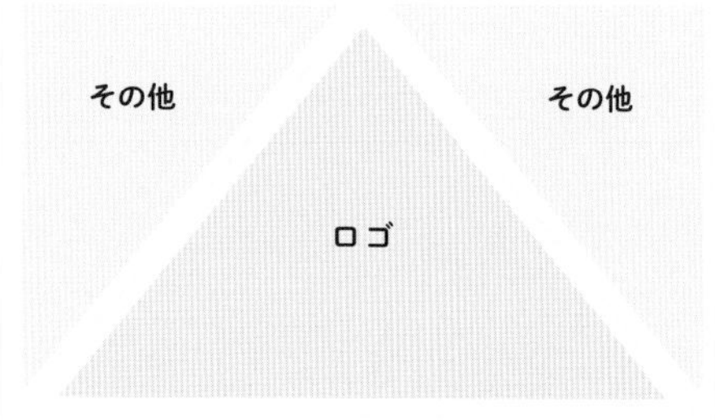

トライアングルを中央に、サイドにも三角形を配置します。一番重要なショップのロゴを中央に入れます。

情報
- ロゴ
- その他の情報

STEP 2 レイアウト

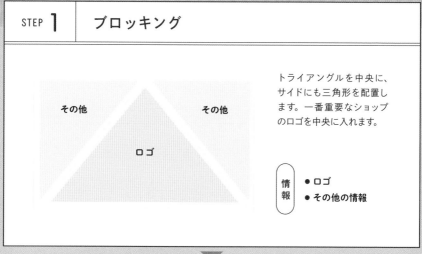

トライアングルに沿って末広がりになるようロゴを配置。使いたいロゴの形を見て構図を決めるのも、きれいにまとめるポイントです。

素材
- ロゴ
- テキスト

STEP 3 デザイン ✓フォント ✓配色 ✓あしらい

トライアングルは栗をイメージした角丸に。フォントもコロンとした丸みのあるものをセレクト。

Point!
栗みたいな角丸三角を散りばめて、デザインに統一感を！

• FONT

日付 | New Atten Round / ExtraBold

• COLOR

CMYK 28/36/40/0
CMYK 45/58/66/1
CMYK 31/43/61/0

GOAL! 完成！

トライアングルを栗に見立てた
かわいらしいデザインが完成しました。

CHAPTER 4

カード 02

シンメトリー

THEMA

ホテルのショップカード

安定感や誠実なイメージを与えるシンメトリーの構図を利用した、左右対称のデザイン。真面目で誠実なブランドイメージにぴったりの構図です。

STEP 1 ブロッキング

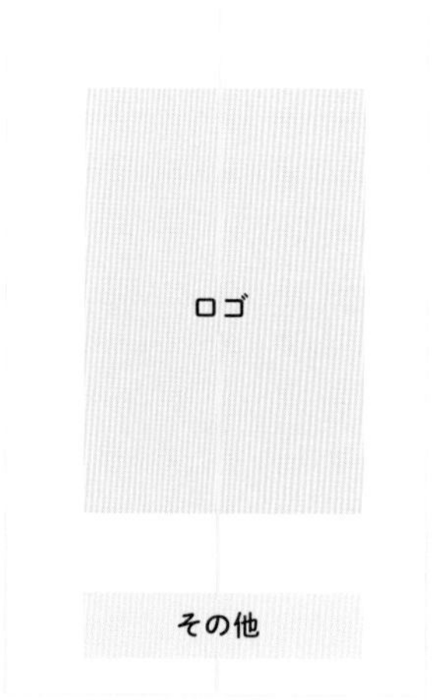

センターのガイドを基準に、ロゴ、その他の2つにブロッキングします。

情報
- ロゴ
- その他の情報

STEP 2 レイアウト

主要素材のロゴを中央に大きく、URLなどの詳細情報は下部に配置します。

素材
- ロゴ
- テキスト

STEP 3 デザイン

☑フォント ☑配色 ☑あしらい

中央、両サイドにラインを入れることで縦のラインが強調されスタイリッシュな印象に。

Point!

チャコール1色でまとめ、シンメトリーの落ち着いた大人な印象を引き立てます。

• FONT

その他	Bicyclette / Bold

• COLOR

■ CMYK 53/50/50/42

GOAL! 完成！

縦のラインを意識した
シンプルでスタイリッシュなデザインが完成！

CHAPTER 4

カード 03

シンメトリー

THEMA

歯科医院の診察券

老若男女問わず使う診察券は、シンプルかつ分かりやすさが第一。重要な情報をシンメトリー構図に沿って2つにブロッキングしたデザインに。

STEP 1 ブロッキング

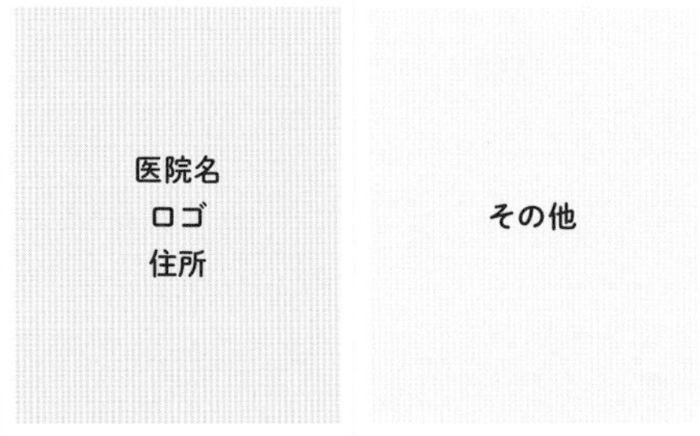

センターのガイドに沿って、左右同じ大きさのスペースにブロッキング。左に主要な情報、右にその他の詳細情報を入れます。

情報
- 主要な情報
- その他の情報

STEP 2 レイアウト

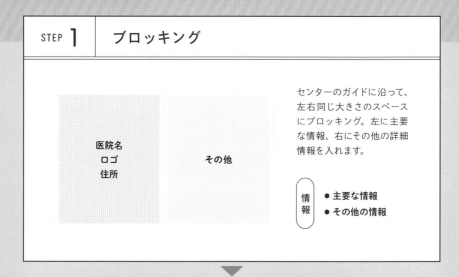

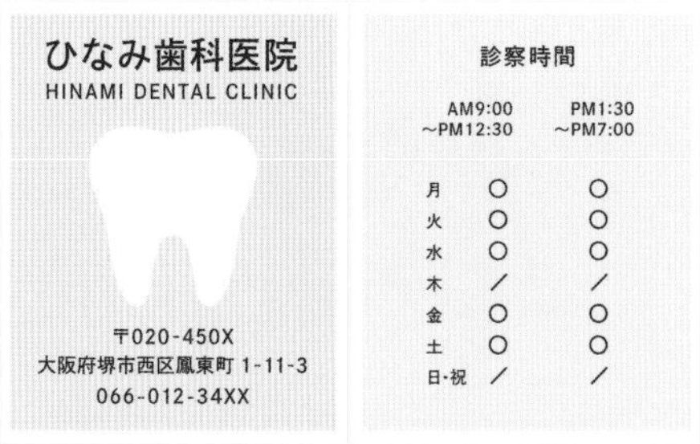

ひなみ歯科医院
HINAMI DENTAL CLINIC
〒020-450X
大阪府堺市西区鳳東町 1-11-3
066-012-34XX
診察時間
AM9:00
~PM12:30
PM1:30
~PM7:00
月 ○ ○
火 ○ ○
水 ○ ○
木 ／ ／
金 ○ ○
土 ○ ○
日･祝 ／ ／

2つのスペースに、それぞれの情報を入れていきます。

素材
- ロゴ
- テキスト

STEP 3 デザイン

☑フォント ☑配色 ☑あしらい

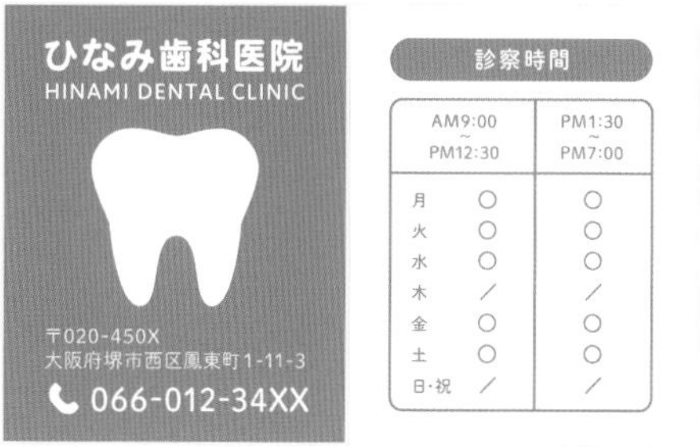

丸みのあるフォントは、親しみやすさや優しいイメージを与えたいときに効果的。

Point!

歯科医院ということがひと目で分かるよう、歯のアイコンを大きく配置。

● FONT

情報	DNP 秀英丸ゴシック Std / L・B

● COLOR

CMYK　76/14/44/0

GOAL! 完成！

さまざまな情報をグリーン1色でまとめた
清潔感のあるデザインが完成！

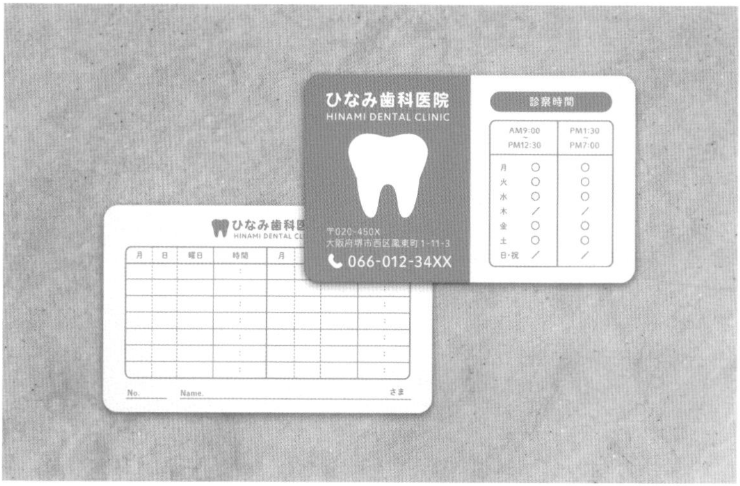

CHAPTER 4

カード 04

黄金比

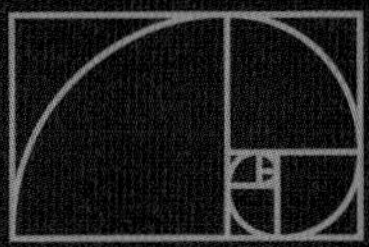

THEMA

小児科の診察券

黄金比のガイドに合わせて、アイキャッチエリアと情報エリアに分けると、全体のバランスがうまくまとまります。

STEP 1 ブロッキング

カーブより上をアイキャッチエリア、下を情報エリアにブロッキングします。

情報
- 主要な情報
- その他の情報

STEP 2 レイアウト

上部にイラストと病院名を、下部にその他の情報を入れていきます。下部はさらに2つにグルーピングします。

素材
- イラスト
- テキスト

STEP 3 デザイン

☑フォント ☑配色 ☑あしらい

狭い範囲に複数の情報グループを入れるときは、色でエリア分けしましょう。

Point!
背景色はペールトーンを使い、優しく親しみやすい印象に。

● FONT

医院名	平成丸ゴシック Std / W8
診察券	FOT-UD丸ゴ_ラージ Pr6N / DB
その他	VDL V7丸ゴシック / B・L

● COLOR

CMYK 3/1/26/0
CMYK 25/48/59/40
CMYK 0/45/100/0

GOAL! 完成！

動物のイラストがパッと目を引く
安心感と温かみのある診察券になりました。

CHAPTER 4

カード 05

三分割

THEMA

整骨院の予約カード

情報が盛りだくさんの場合でも、三分割のガイドに沿って配置していけば、スッキリとバランスのとれたデザインに仕上がります。

STEP 1　ブロッキング

記入欄

整骨院名
ロゴ

その他

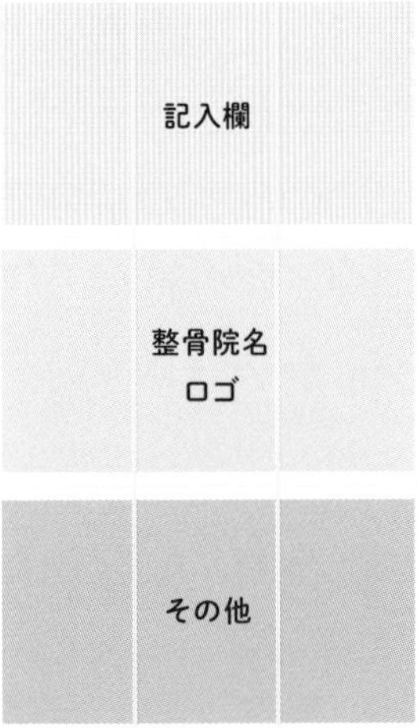

記入欄、主要な情報、その他の情報の3つを縦並びでブロッキングします。

情報
- 記入欄
- 主要な情報
- その他の情報

STEP 2　レイアウト

診察券　　　　　　　　初診日
氏名
大正 昭和
平成 令和

畦地鍼灸整骨院

診察時間	月	火	水	木	金	土	日
午前診	○	○	○	休	○	○	休
午後診	○	○	○	休	○	○	休

電話　065-030-81XX
住所　北海道檜山郡上ノ国町大安在739-8

それぞれスペースの中でさらに三分割し、ガイドに沿ってロゴや細かい情報を入れていきます。

素材
- ロゴ
- テキスト

STEP 3 デザイン

☑フォント　☑配色　☑あしらい

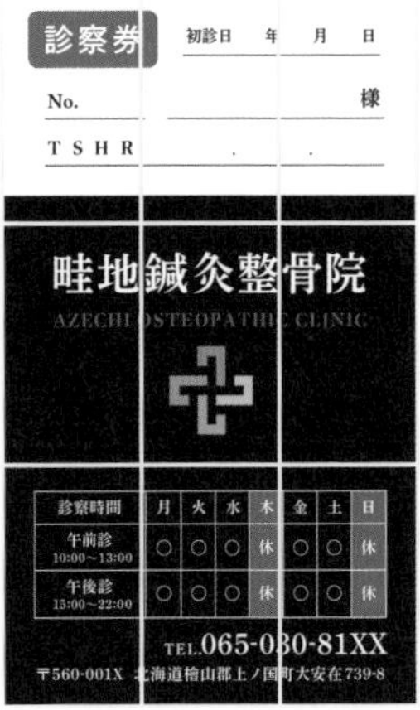

診察券の役割を果たしつつ、伝えたい情報も三分割によってわかりやすくまとめます。

Point!
鎮静作用のあるブルーをメインに使い、清潔感や信頼感を与えます。

• FONT

整骨院名	DNP 秀英横太明朝 Std / B
診察券	DNP 秀英角ゴシック金 Std / B
その他	Dejanire Headline / Medium

• COLOR

CMYK 97/93/46/11
CMYK 70/17/0/0
CMYK 62/0/78/0

GOAL!

完成！

情報量が多い診察券も、
三分割を使って明確でわかりやすいデザインに！

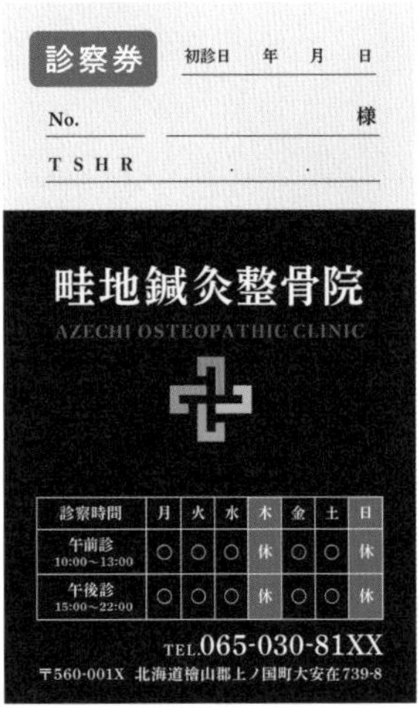

CHAPTER 4

カード 06

日の丸

THEMA

美容院のメンバーズカード

中央に視線を集めやすい日の丸構図を使って複数の要素を一箇所に集めたデザイン。周囲は思いきって余白にするのがポイントです。

STEP 1 ブロッキング

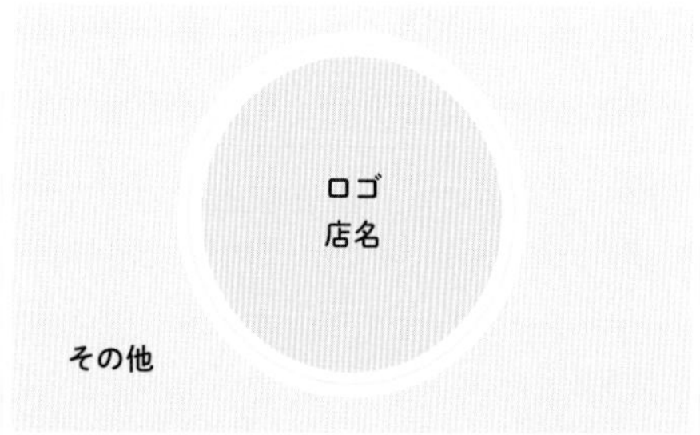

日の丸に主要な情報、周りのスペースにその他の情報の2つにブロッキングします。

情報
- 主要な情報
- その他の情報

STEP 2 レイアウト

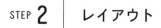

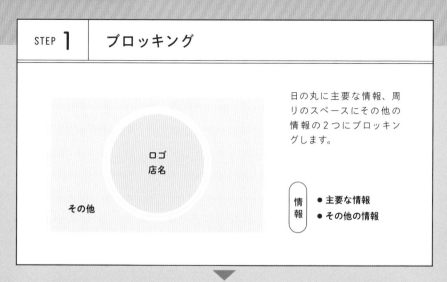

HAIR SALON
freesias
MEMBER'S CARD
OPEN:AM9:00-PM6:00 CLOSE:毎週月曜、第3月・火曜休 TEL:012-345-67XX

日の丸の中に収まるように、イラストや店名などを配置していきます。

素材
- ロゴ
- テキスト

STEP 3 デザイン

☑フォント ☑配色 ☑あしらい

複数の要素を日の丸内に収めることで、ひとつのオブジェクトのように見せることができます。

Point!

文字をアーチ状にしたり、「つなぎ」的に円を敷いたりして、センスよくまとめましょう。

• FONT

店名	Le Havre Rounded / Regular
その他	AdornS Serif / Regular

• COLOR

CMYK 0/48/55/0

CMYK 0/0/40/0

GOAL!

完成！

複数の欧文フォントをうまく組み合わせたスタイリッシュなデザインが完成しました。

CHAPTER 4

カード 07

対角線

THEMA

飲食店のスタンプカード

対角線に沿って2つのスペースに区切ったデザイン。文字をたくさん並べても構図に沿っていればスッキリとまとまった印象に仕上がります。

STEP 1 ブロッキング

2つの三角形が向かい合わせになるよう、ロゴと店名にブロッキングします。

情報
- ロゴ
- 主要な情報

STEP 2 レイアウト

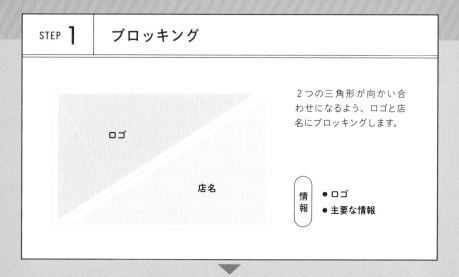

テキストはガイドに沿って斜めに配置します。文字をあえて外にはみ出すことでロゴに視線を集めることができます。

素材
- ロゴ
- テキスト

STEP 3 デザイン ☑フォント ☑配色 ☑あしらい

文字をスタンプ風にかすれさせて、カジュアルでラフな印象に。

Point!
反復させた文字を見切らせて、インパクトを演出。見切れは大きく大胆に！

• FONT

店名	Sofia Pro / Semi Bold・Bold

• COLOR

CMYK	7/19/29/0
CMYK	9/83/78/0
CMYK	0/0/0/100

GOAL!

完成！

文字を斜めに傾けて見切れさせた、
躍動感のあるデザインが完成！

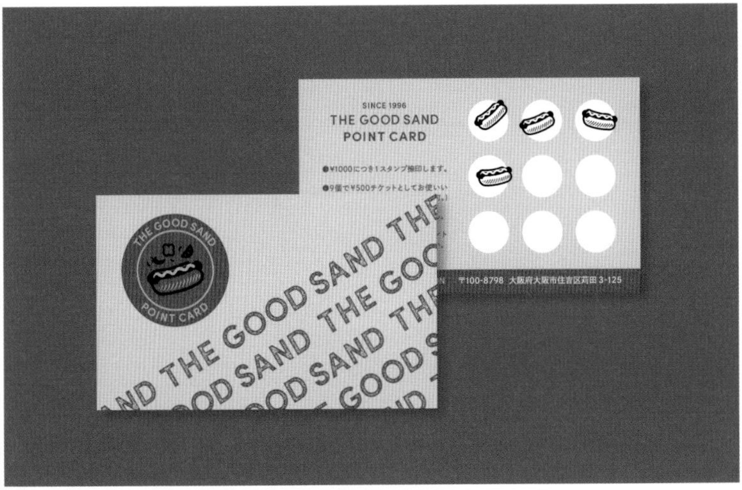

CHAPTER 4

カード 08

黄金比

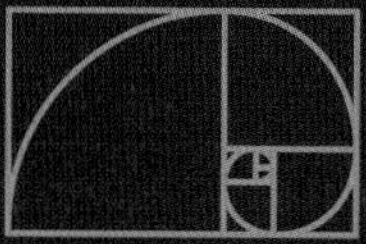

THEMA

メンズエステのポイントカード

黄金比にしたがって文字情報をひとまとめに、ロゴマークを大きく配置した基本的なデザイン。

STEP 1 ブロッキング

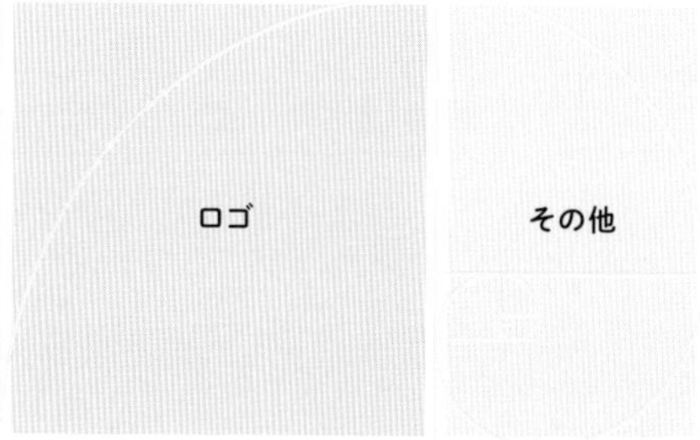

左側にロゴ、右側に店舗名や住所の詳細情報をまとめて配置します。

情報
- ロゴ
- その他の情報

STEP 2 レイアウト

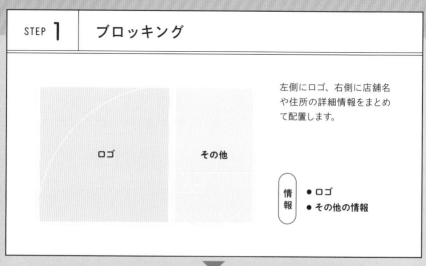

一番大きいブロックにロゴを大きく配置します。

素材
- ロゴ
- テキスト

STEP 3 デザイン

☑フォント ☑配色 ☑あしらい

詳細情報の背景にさりげなくシルエットを配置。洗練された大人のイメージを演出します。

Point!
くすんだブルー系でまとめてメンズライクな印象に。

• FONT

店名	Sweet Sans Pro / Medium
詳細	源ノ角ゴシック JP / Regular

• COLOR

CMYK	40/20/20/0
CMYK	71/64/61/15

住所

GOAL!

完成！

大人で落ち着いた雰囲気が印象的なポイントカードが仕上がりました。

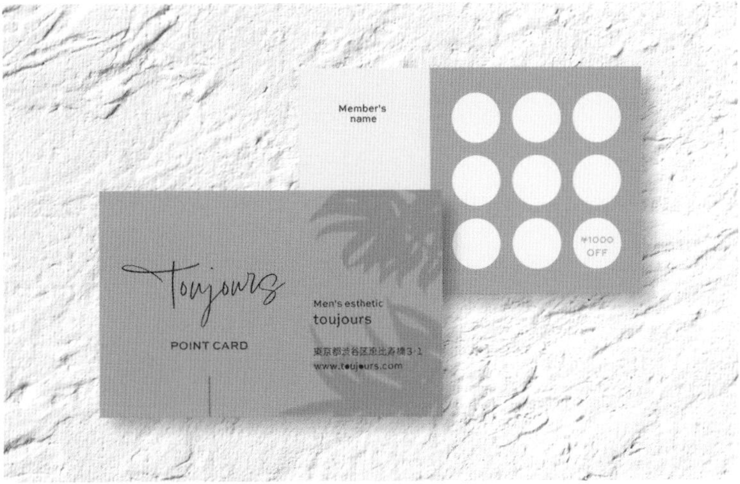

CHAPTER 4

カード 09

三分割

THEMA

カフェのクーポン

店舗名、店舗情報、クーポン券といった、たくさんの情報をカードにバランス良く入れるには三分割構図を使用するのがベスト。

STEP 1 ブロッキング

横に三分割し、ロゴ、店舗情報、クーポンにブロッキングします。

情報
- 店名
- 詳細
- クーポン

STEP 2 レイアウト

三分割の縦中央の枠に文字情報をまとめ、クーポン部分は切り取りやすいよう下部に配置します。

素材
- テキスト

STEP 3 デザイン

☑フォント ☑配色 ☑あしらい

四方を囲むように
フレームを配置。
中央に視線を集め
ることができます。

Point!
クーポン部分に切り取り線やイラストを加えてカジュアルな印象に。

• FONT

店名 / 詳細	Bree Serif / Regular

• COLOR

(グレー)	CMYK	17/22/59/0
(黒)	CMYK	0/0/0/100

GOAL!

完成！

ロゴ、店舗情報、クーポンのそれぞれの情報が
ひと目で分かるデザインに仕上がりました。

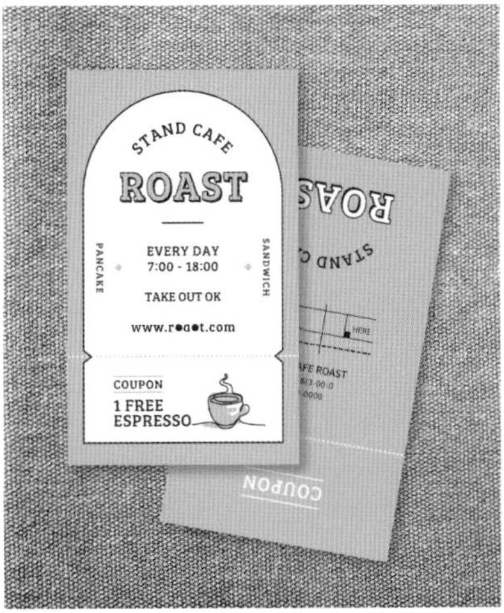

CHAPTER 4

カード 10

日の丸

THEMA

ネイルサロンのクーポン

クーポン情報を中央に大きく配置した日の丸構図のレイアウト。重要な情報を中央に配置するだけで、コンテンツがストレートに伝わるデザインに。

STEP 1 ブロッキング

日の丸のガイドに沿って、中央にクーポン情報、その他の情報の2つにブロッキングします。

情報
- クーポン情報
- その他の情報

STEP 2 レイアウト

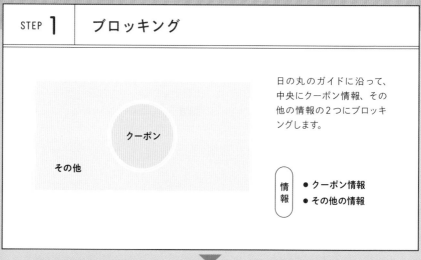

中央にもっとも目立たせたい「50%OFF」を、周囲にその他の情報を配置。日の丸の大きさによって、周りのスペースも有効的に活用できます。

素材
- テキスト

STEP 3 **デザイン** ☑フォント ☑配色 ☑あしらい

中央の「50%OFF」がアクセントになったデザイン。セリフ体やウェイトの細いフォントを使って女性らしい印象に。

Point!
情報量が多いときは部分的に背景を敷いたり、白抜き文字を使って差別化を！

● FONT

店名	Copperplate / Medium
その他	Mostra Nuova / Regular・Bold

● COLOR

- CMYK 7/10/10/0
- CMYK 0/40/30/0
- CMYK 40/60/40/0

GOAL! **完成！**

ベージュ×ピンク×ドットの組み合わせで大人可愛いデザインが完成しました。

CHAPTER 4

カード 11

対角線

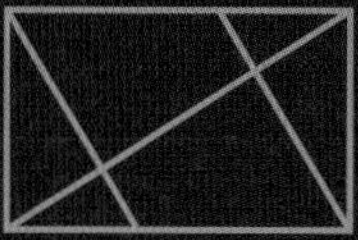

THEMA

展覧会のチケット

インパクトあるデザインにしたい場合は、対角線の構図に沿ってタイトルや画像を思いきって斜めに配置してみましょう！

STEP 1 ブロッキング

画像、タイトル、その他の情報にブロッキングします。

情報
- 画像
- タイトル
- その他の情報

STEP 2 レイアウト

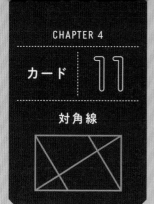

タイトルや開催日を対角線のガイドに沿って斜めに配置。その他のスペースに詳細情報を入れていきます。

素材
- イラスト
- テキスト

STEP 3 デザイン

☑フォント ☑配色 ☑あしらい

アート画像にタイトルを大胆に被せてインパクトを。文字を大きめにすることで視認性もキープできます。

Point!
下部に敷いたボーダーが、安定感とアクセントの役割を果たしています。

• FONT

タイトル	Mostra Nuova / Bold
その他	VDL V7ゴシック / L

• COLOR

（水色）	CMYK 50/20/0/0
（黒）	CMYK 0/0/0/100

GOAL! 完成！

タイトルを斜めに配置した
インパクトあるデザインが完成！

CHAPTER 4

カード 12

トライアングル

THEMA

サウナの回数券

中央にトライアングルを配置し、その中にロゴを配置。トライアングルを意識しながら、ロゴと文字を配置していきましょう。

STEP 1 ブロッキング

中央のトライアングルにロゴ、その周りを主要な情報、チケットのスペースにブロッキングします。

情報
- 主要な情報
- ロゴ
- チケット

STEP 2 レイアウト

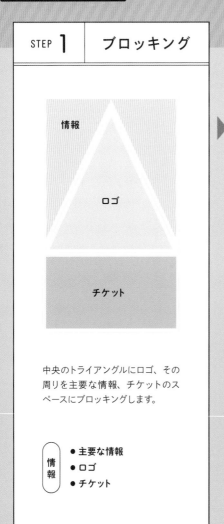

作ったスペースの中に、ロゴ、テキスト情報を入れていきます。

素材
- ロゴ
- テキスト

STEP 3 デザイン

☑フォント ☑配色 ☑あしらい

主要な情報部分とチケット部分をカラーでエリア分けします。

Point!

あしらいで蒸気のアイコンを配置。サウナらしさを演出しています。

• FONT

情報　平成丸ゴシック Std / W4

• COLOR

CMYK　0/40/38/0
CMYK　0/18/33/0
CMYK　0/80/80/20

GOAL!

完成！

ツートーンカラーが印象的な
温かみのあるチケットが完成しました！

COLUMN No.04

目的によって構図を使い分けよう！

落ち着いたデザインの作り方

トライアングルや対角線は躍動感のあるデザインに向いていますが、シンメトリーや三分割は落ち着いた雰囲気のデザインに向いています。ここでは「落ち着いた雰囲気のデザイン」の制作ポイントを紹介します。

TYPE 1

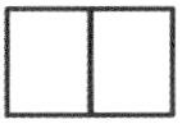

フォーマルな王道「シンメトリー」

ジャンプ率を小さく！

デザインのポイント

POINT 1 文字のジャンプ率（大小差）を小さくすることで落ち着いたデザインに！

POINT 2 文字や写真をセンター揃えで配置。被写体を大きくしすぎないように。

POINT 3 全体的に彩度の低い、くすみがかったカラーで落ち着いた雰囲気を演出。

FONT

タイトル	Baskerville / Regular
ロゴ	Behila / Regular

COLOR

CMYK　34/17/18/0

CMYK　0/0/0/0

LAYOUT SAMPLE

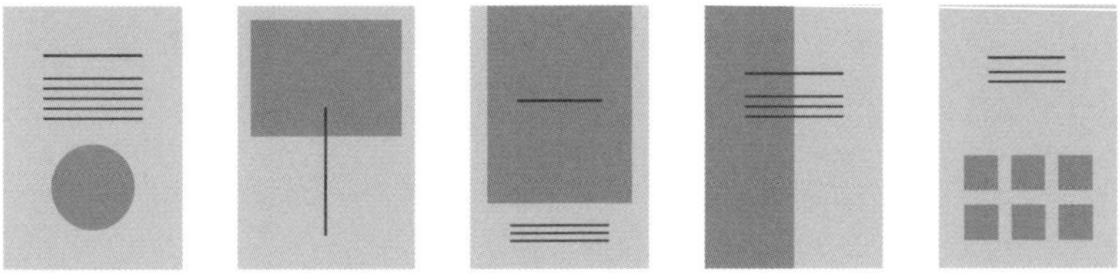

・ デザインに落ち着きを演出するコツ ・

- 主役を明確にして周辺に余白を作る！
- 写真やコピーのジャンプ率を小さくする！
- ベーシックなフォント、派手すぎないカラーを使う！

TYPE 2

計画的に余白を作れる「三分割」

余白を設ける

季節限定
ビターショコララテ
¥580
とろけるようなチョコレートの風味、
コクのあるエスプレッソと
相性バツグンの冬季限定ラテが今年も登場。
MOON CUP
COFFEE

デザインのポイント

POINT 1 目立たせたい箇所の周辺に広めの余白をとって視線を意図的に誘導。

POINT 2 デザイン性の高いフォントよりも、ベーシックなフォントを使う。

POINT 3 メインカラーとアクセントカラーの２色程度にまとめる。

FONT

タイトル	貂明朝テキスト / Regular
ロゴ	Baskerville / SemiBold

COLOR

CMYK　48/78/89/20

CMYK　9/30/36/0

LAYOUT SAMPLE

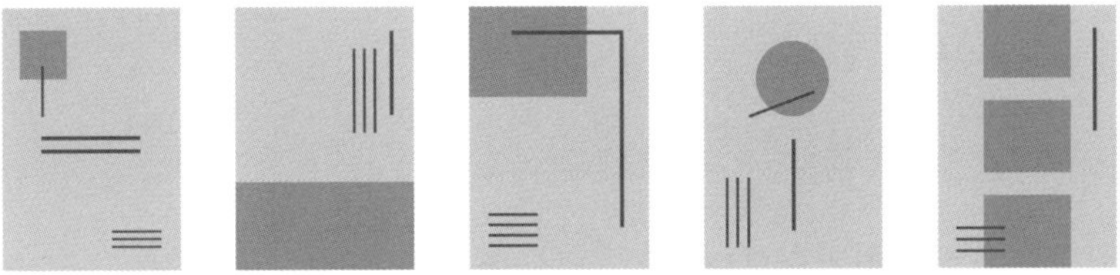

構図で変わる印象と活用例

6つの構図で比べてみよう！

この章で出てきた作例を、他の構図で作ってみました。構図によって印象や効果がどのように変わるのか、デザインを見比べてみましょう！

01 黄金比

店名とロゴの間に余白を作ることで、どちらの視認性もキープさせたレイアウト。

02 三分割

ひとつの枠に収めたり、複数の枠をまたいで要素を配置。店名がひと目で伝わるレイアウト。

03 対角線

もとの構図
(P.136)

店名を見切らせてロゴマークに視線がいくように。カジュアルで楽しい雰囲気を演出。

04 日の丸

オーソドックスで真面目な印象を与える日の丸構図。カードのデザインでは定番のレイアウト。

05 シンメトリー

２つにエリア分けすることでデザインの幅が広がる。

06 トライアングル

要素を右揃えにして、三角形になるように配置。

CHAPTER

05

POP

POPの役割は、目を引いて興味を抱いてもらうこと。
イベントやフェア、商品の魅力などをわかりやすく伝え、
お客様に行動を起こしてもらうことが目的です。
どんな場所に掲示されるかも考慮して
見る人の目にパッと飛び込むPOPデザインを作りましょう。

CHAPTER 5

POP 01

黄金比

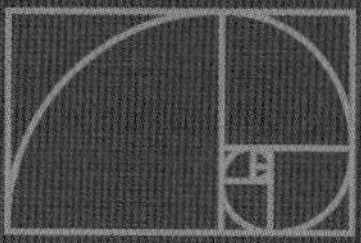

THEMA

カフェの新メニューポップ

新メニューの場合、商品写真を大きく扱うのが鉄則。お客様に「食べたい」と思ってもらえるように、商品の魅力をビジュアルでアピールしましょう。

STEP 1 ブロッキング

商品写真を全面に配置。上部に商品名と説明文、下に価格を入れます。

情報
- 商品写真
- 商品名
- 説明文
- 価格

STEP 2 レイアウト

被写体（ティラミス）は黄金比の下部分にくるように位置とサイズを調整。テキストもそれぞれのスペースに入れていきます。

素材
- 商品写真
- テキスト

STEP 3 デザイン

☑フォント ☑配色 ☑あしらい

商品写真のシックでエレガントな雰囲気に合わせ、タイトルには明朝体をセレクト。

Point!
コーナーに少しだけ装飾のあるフレームをあしらい、エレガントな世界観を後押し。

• FONT

情報 / 説明文	しっぽり明朝 / Medium
その他	Zen Kaku Gothic New / Medium

• COLOR

(白)	CMYK 0/0/0/0
(濃色)	CMYK 40/50/57/30

GOAL!

完成！

美味しそうなティラミスに心揺さぶられる
上品でエレガントなポップが完成！

CHAPTER 5

POP 02

黄金比

THEMA

お酒の商品ポップ

イメージ写真を角版で大きく独立して使いたいとき、他の素材の配置に迷いがちですが、構図に当てはめればスッキリと収まります。

STEP 1 ブロッキング

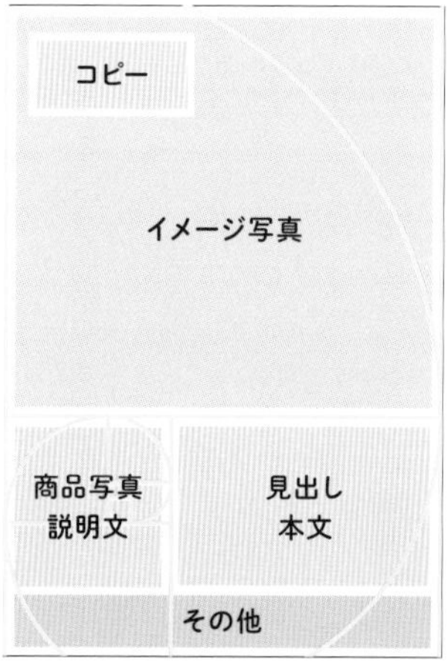

コピー
イメージ写真
商品写真
説明文
見出し
本文
その他

黄金比を横幅に合わせ、上下の位置は中央に合わせます。イメージ写真を大きく使い、それ以外の情報を下部に配置します。

情報
- イメージ写真
- 見出し / 本文 / コピー
- 商品写真 / 説明文
- その他

STEP 2 レイアウト

あ、お酒って、
こんなに美味しいんだ。
すっと染み込む
お米を使った
森のお酒。
山の麓で生き生きと育った
新潟産コシヒカリ100％使用。
すっきりサラリとした飲み口で、
体にすっと染み込み混みます。
ほのかに甘い後味が心を解きほぐしてくれる。そんなお酒です。
森のいぶき
New!
山酒造
商品に関するお問い合わせ

文字情報は重要度に合わせてサイズにメリハリをつけます。

素材
- イメージ写真
- 商品写真
- テキスト
- ロゴ

STEP 3 デザイン

フォント　配色　あしらい

あ、お酒って、
こんなに美味しいんだ。
New!
すっと染み込むお米を使った森のお酒
森のいぶき
里山酒造

イメージ写真の雰囲気を高めるため被写体の位置とサイズを調整します。

Point!

イメージ写真は三分割構図を当てはめて、交点に人物を置くとバランスが良くなります。

FONT

見出し	貂明朝テキスト / Regular
本文	貂明朝テキスト / Italic
New!	American Scribe / Regular

COLOR

CMYK 57/16/97/0
CMYK 0/0/0/75
CMYK 2/43/51/0

GOAL!

完成！

イメージ写真、商品写真、テキストがバランスよくまとまったポップの完成！

あ、お酒って、
こんなに美味しいんだ。
New!
すっと染み込むお米を使った森のお酒
純米大吟醸　森のいぶき
里山酒造　宮城県仙台市大島3-3-12
商品に関するお問い合わせ / TEL.04-6473-88XX(平日9:00～18:00)

あ、お酒って、
こんなに美味しいんだ。
New!
すっと染み込むお米を使った森のお酒
森のいぶき
里山酒造

CHAPTER 5

POP 03

黄金比

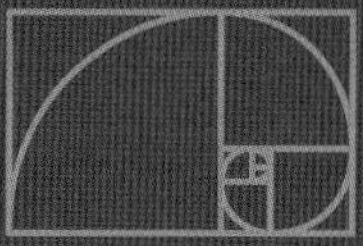

THEMA

パスタのメニューポップ

メニューデザインでは切り抜き写真を使うことがよくあります。ここでは切り抜き写真と短いワードのキャッチコピーを使って、直感に訴えるデザインを作成します。

STEP 1 ブロッキング

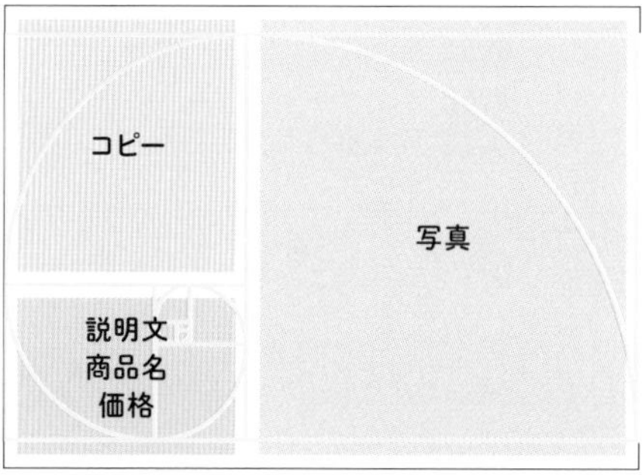

黄金比を横幅に合わせ、上下の位置は中央に合わせます。商品写真を右の大きなスペースに、その他を左に収めます。

情報
- 商品写真
- コピー
- 説明文
- 商品名 / 価格

STEP 2 レイアウト

短いワードのキャッチコピーを左上に大きく配置。切り抜きの料理写真も大きめに配置します。

素材
- 商品写真
- テキスト

STEP 3 デザイン

☑フォント ☑配色 ☑あしらい

トマト、
バジル、
チーズ。
モッツァレラチーズと
フレッシュトマト
¥950

背景にイラストを入れてイメージを増幅。写真に干渉しないよう、色は控えめにしています。

Point!

カジュアルなイタリアンには素朴感のあるクラフト紙＋線画が好相性です。

• FONT

コピー	DNP 秀英明朝 Pr6N / M
説明文	Zen Kaku Gothic New / Regular

• COLOR

- CMYK 22/26/30/22
- CMYK 0/0/0/100

GOAL! 完成！

鮮やかなパスタの写真がパッと目に飛び込み、特徴も直感的に伝わるメニューになりました！

トマト、
バジル、
チーズ。
トマトのほのかな酸味と甘み、
モッツァレラチーズのコク。
ほんのりニンニク、香るバジル。
モッツァレラチーズと
フレッシュトマト
¥950(税込)

CHAPTER 5

POP 04

三分割

THEMA

運動教室のコース説明ポップ

今回は3つのコースを紹介するので、三分割構図を使用します。同じデザインを3つ並べて、色で差別化するデザインを作ってみましょう。

STEP 1 ブロッキング

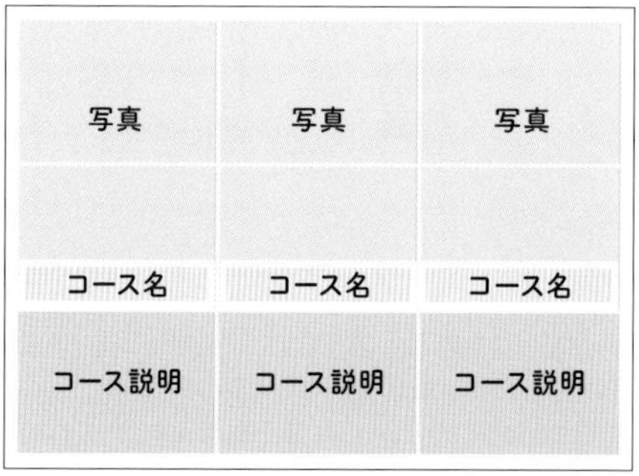

縦に3分割し、写真、コース名、コース説明のスペースを作ります。

情報
- 人物写真
- コース名
- コース説明

STEP 2 レイアウト

写真やテキスト素材を入れていきます。

素材
- 人物写真
- テキスト

STEP 3 デザイン ✓フォント ✓配色 ✓あしらい

コースごとに色で分類します。写真も加工して色を合わせます。

Point!

説明箇所は文章を表にしたり、値段などの重要な情報を大きくして見やすく！

• FONT

スポーツ名	Europa / Bold
コース名/説明	DNP 秀英丸ゴシック Std / B

• COLOR

CMYK 68/0/40/0
CMYK 0/36/100/0
CMYK 14/64/0/0

GOAL! 完成！

コースの種類や値段がパッと見てわかり、
内容がわかりやすいポップになりました！

CHAPTER 5

POP 05

三分割

THEMA

惣菜店のポップ

中央にタイトルを置き、周囲を写真で囲むデザイン。日の丸構図でもいいのですが、三分割を使うとバランスが良く、安定感のある仕上がりになります。

STEP 1 ブロッキング

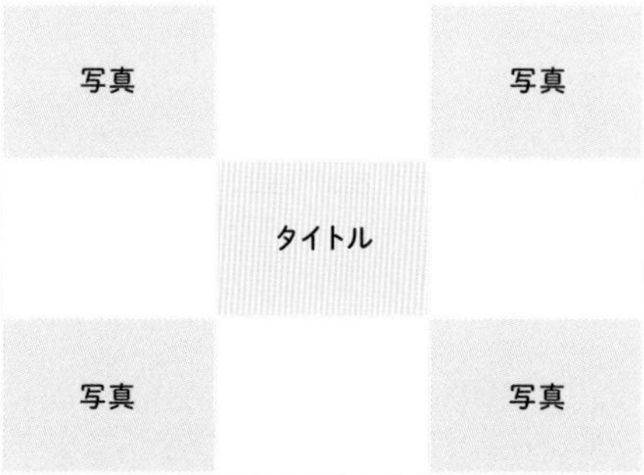

タイトルは中央に、写真は四隅にスペースを作ります。

情報
- 商品写真
- タイトル

STEP 2 レイアウト

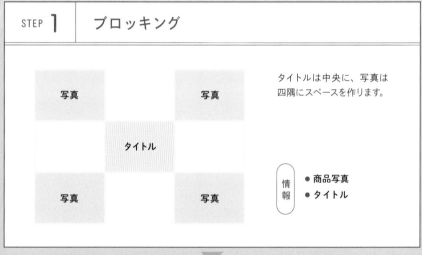

どの位置にどの写真を配置すると見映えとバランスがいいか、入れ替えながらベストな配置を決めていきます。

素材
- 商品写真
- テキスト

STEP 3 デザイン

☑フォント ☑配色 ☑あしらい

料理のテイストに合った背景、あしらいを入れていきます。

Point!

少し写真を傾けることで紙面に躍動感が出て、楽しげな雰囲気もUP!

• FONT

タイトル	AB-yurumin / Regular
コピー	Rounded M+ 2p / Bold

• COLOR

CMYK 19/92/92/0

CMYK 0/0/0/0

GOAL! 完成！

整ったレイアウトを、あしらいや写真の角度などで程よく崩した遊び心のあるポップの完成！

CHAPTER 5

POP 06

三分割

THEMA

化粧水の新商品ポップ

写真とテキストのスペース配分に迷ったときは、三分割で2:1の割合でレイアウトするとバランスの良い紙面になります。

STEP 1 ブロッキング

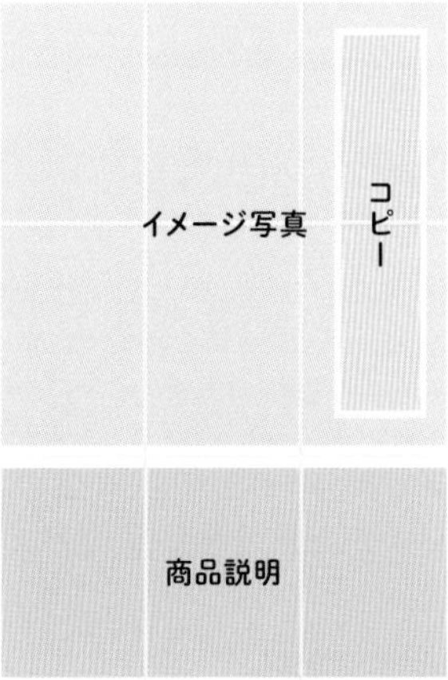

まずスペースを2:1に分けて、上をイメージ写真とコピー、下を商品説明のスペースにします。

情報

- イメージ写真
- コピー
- 商品説明

STEP 2 レイアウト

潤って引き締める。
一週間で、変わる肌。
11/3
(土)
限定発売
毛穴を引き締め、陶器肌。
いつものお手入れの前にブースター美容液をプラスして、ぐんぐん潤いを吸収、つるんと引き締まった陶器肌へ。
芯から潤ってダメージレス肌。
お手入れの最後はエッセンシャルオイルで潤いを優しく閉じ込め、オリーブの力で肌の奥から潤う、ダメージに強い肌へ。
左 / エッセンシャルオリーブオイル
100ml 4,500円(税込)
右 / ブースター美容液
70ml 6,800円(税込)

イメージ写真は、交点に商品が来るように配置するとバランスが良く見えます。

素材

- イメージ写真
- 商品写真
- テキスト

STEP 3 デザイン

✓フォント ✓配色 ✓あしらい

潤って引き締める。
一週間で、変わる肌。
11/3(土)
限定発売
◆ 毛穴を引き締め、陶器肌
◆ 芯から潤ってダメージレス肌

日付はコピーの真下から少しずらすと目を引き、紙面全体の単調さもなくなります。

Point!

写真から抽出した色を使うと、イメージ写真の邪魔にならずに全体がまとまります。

• FONT

コピー	貂明朝テキスト / Regular
日付	貂明朝テキスト / Italic
説明文	DNP 秀英角ゴシック銀 Std / M

• COLOR

CMYK 8/43/60/0
CMYK 43/20/43/0
CMYK 0/0/0/85

GOAL!

完成！

イメージ写真と商品情報のバランスが程よい、
スッキリと整ったポップになりました。

潤って引き締める。
一週間で、変わる肌。
11/3(土)
限定発売
◆ 毛穴を引き締め、陶器肌
いつものお手入れの前にブースター美容液をプラスして、ぐんぐん潤いを吸収、つるんと引き締まった陶器肌へ。
◆ 芯から潤ってダメージレス肌
最後はエッセンシャルオイルで潤いを優しく閉じ込め、オリーブの力で肌の奥から潤う、ダメージに強い肌へ。
左 / エッセンシャルオリーブオイル
100ml 4,500円(税込)
右 / ブースター美容液
70ml 6,800円(税込)

潤って引き締める。
一週間で、変わる肌。
11/3(土)
限定発売
◆ 毛穴を引き締め、陶器肌
◆ 芯から潤ってダメージレス肌

POP 07

シンメトリー

THEMA

シャンプーの商品ポップ

類似の物の違いを素早く伝えたいときは、シンメトリー構図で左右反転のレイアウトがおすすめ。直感的に伝わるデザインになります。

STEP 1 ブロッキング

まずスペースを左右2つに分け、商品説明と写真を左右反転したレイアウトで入れます。

情報

- 商品写真
- 商品説明

STEP 2 レイアウト

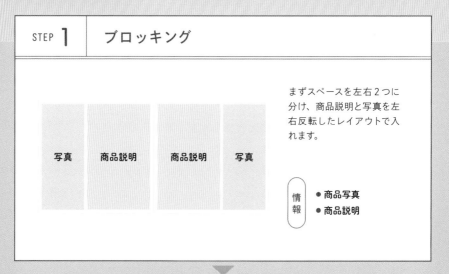

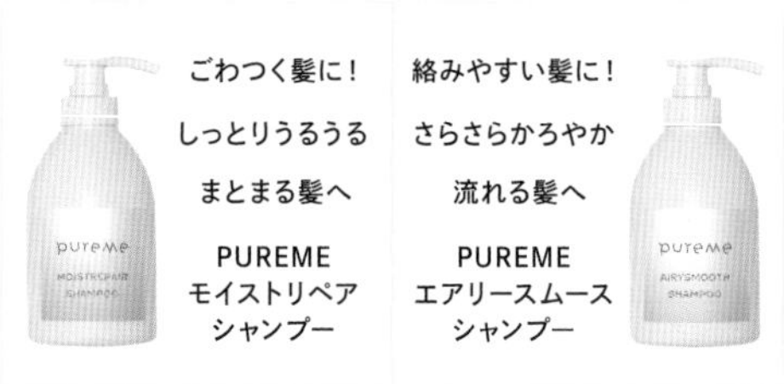

それぞれの商品の違い、特徴がわかる簡潔なコピーを、対比のデザインになるよう文字数にも気をつけながら入れていきます。

素材

- 商品写真
- テキスト

STEP 3 デザイン

☑フォント ☑配色 ☑あしらい

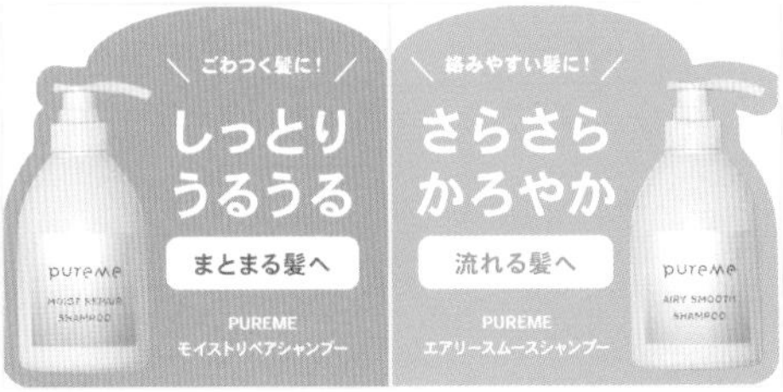
ごわつく髪に！
しっとり
うるうる
まとまる髪へ
PUREME
モイストリペアシャンプー
絡みやすい髪に！
さらさら
かろやか
流れる髪へ
PUREME
エアリースムースシャンプー

対比が分かりやすいコピーの部分を大きくして、メリハリのあるレイアウトに。

Point!

商品カラーを使って背景に色をつけるとより対比が分かりやすくなります。

• FONT

テキスト	平成角ゴシック Std / W7

• COLOR

CMYK 17/33/0/0
CMYK 43/0/30/0
CMYK 0/0/0/0

GOAL!

完成！

パッと見て商品の特徴がわかる、
訴求スピードの速いポップができました！

pureme
MOIST REPAIR
SHAMPOO
pureme
AIRY SMOOTH
SHAMPOO
ごわつく髪に！
しっとり
うるうる
まとまる髪へ
PUREME
モイストリペアシャンプー
絡みやすい髪に！
さらさら
かろやか
流れる髪へ
PUREME
エアリースムースシャンプー

CHAPTER 5

POP 08

シンメトリー

THEMA

ソフトクリームの新商品ポップ

1つのものの2面性を見せたいときにもシンメトリー構図は便利です。中央に商品写真を大きく使ってインパクトのあるポップに！

STEP 1 ブロッキング

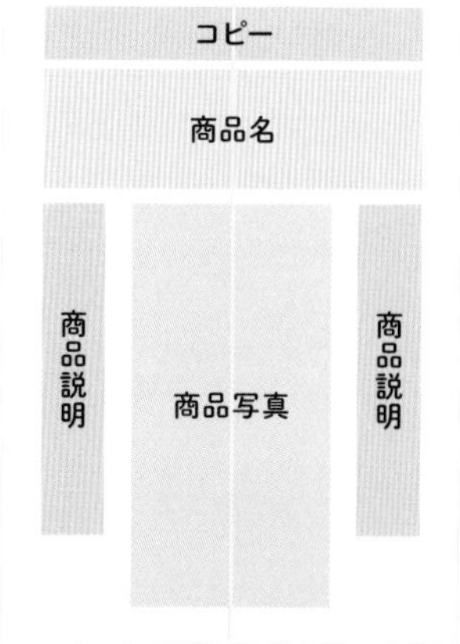

商品名と写真をセンターに配置。それを囲むようにその他のテキストを入れます。

情報
- テキスト
- 商品名
- 商品写真

STEP 2 レイアウト

切り抜き写真を使うと、余計な背景もなく大きく配置できるので商品への注目度がアップします。

素材
- 商品写真
- テキスト

STEP 3 デザイン

フォント 配色 あしらい

2つの味をイメージした色とモチーフで背景を作成。世界観を作り込みます。

Point!
食品写真の色調整は、少しコントラスト高めにすると鮮やかでツヤ感が出ます。

• FONT

商品名	Adorn Serif / Regular
商品説明	貂明朝テキスト / Regular

• COLOR

CMYK	20/48/69/0
CMYK	8/10/17/0
CMYK	0/0/0/100

GOAL!

完成！

商品の特徴や魅力が伝わる、
インパクトのあるデザインになりました。

CHAPTER 5

POP 09

シンメトリー

THEMA

雑貨店のコーナーポップ

テキストと写真のスペースを均等に2分割するレイアウトはさまざまなシーンで応用できます。バランスが取りやすく、安定感のあるデザインに！

STEP 1 ブロッキング

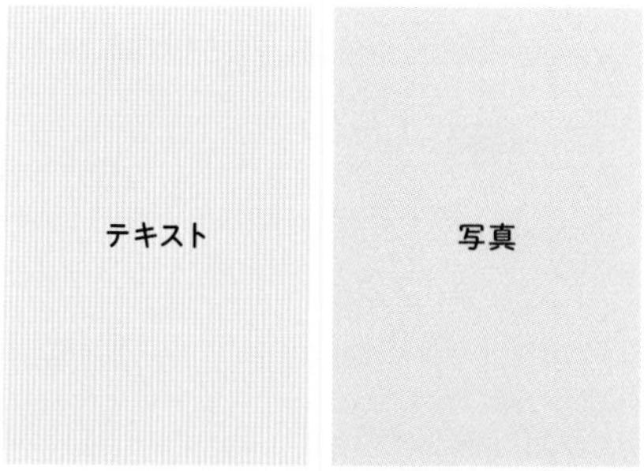

左にテキスト、右に写真をブロッキングします。

情報
- 商品写真
- テキスト

STEP 2 レイアウト

Baby for the Gift

出産祝い、集めました

ママも赤ちゃんも嬉しい！
絶対使える＆おしゃれで可愛い
人気のアイテムが大集合！

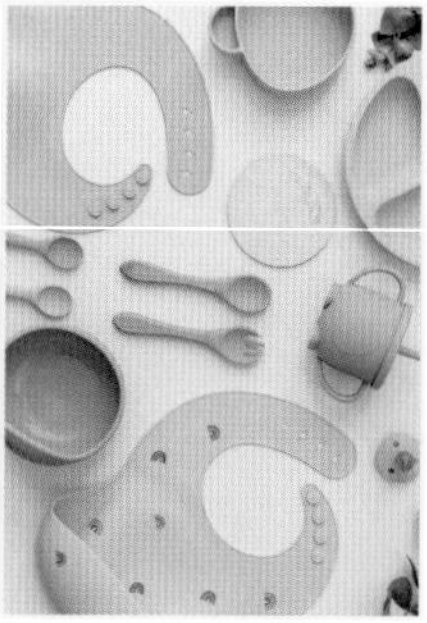

タイトルは大きく、その他のテキストは小さく入れます。写真は右のスペースにおさまるように配置します。

素材
- 商品写真
- テキスト

STEP 3 デザイン

☑フォント ☑配色 ☑あしらい

Baby
for the
Gift
出産祝い、集めました
ママも赤ちゃんも嬉しい！
絶対使える＆おしゃれで可愛い
人気のアイテムが大集合！

写真を窓の形にトリミング。配色は、ベビーらしく穏やかな色を選びます。

Point!

ラフな手書き文字とイラストを使って、ナチュラルで優しい世界観を演出。

• FONT

タイトル	Verveine / Regular
コピー	DNP 秀英角ゴシック金 Std / B

• COLOR

CMYK 30/33/33/0
CMYK 0/0/32/0
CMYK 0/0/0/0

GOAL! 完成！

ナチュラルで優しい雰囲気を醸し出すコーナーポップの完成！

Baby
for the
Gift
出産祝い、集めました
ママも赤ちゃんも嬉しい！
絶対使える＆おしゃれで可愛い
人気のアイテムが大集合！

CHAPTER 5

POP 10

対角線

THEMA

SNS投稿キャンペーンポップ

SNSへの投稿など、アクションを促したいときは、対角線構図で右肩上がりに文字を置くのがおすすめ。元気で勢いのあるデザインになります。

STEP 1 ブロッキング

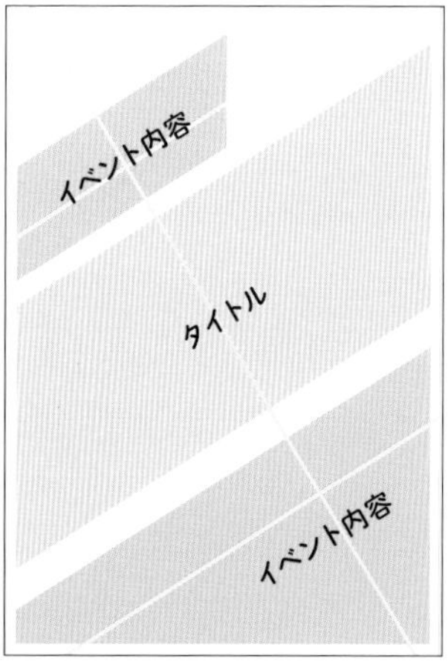

イベント内容
タイトル
イベント内容

斜めラインに沿って中央にタイトルを、交点にそれぞれイベント内容のスペースを作ります。

情報
- イベント内容
- タイトル

STEP 2 レイアウト

各種SNSに
投稿して当たる！
「#MITTE de
みつけた！」
SNS投稿キャンペーン
応募期間
3/8(金)～4/30(火)
MITTEで購入した商品を
「#MITTEde見つけた！」
をつけて写真付きで投稿すると
抽選でプレゼントが当たる！
プレゼントの詳細など、詳しい情報は
MITTEdeみつけた
※特典はおひとりさま1回限りです。
※SNSは、Facebook・Twitter・Instagramのいずれかのみ有効です。

具体的な行動の内容や応募期間など重要な内容を交点に配置します。タイトルは右肩上がりに置くと、元気で勢いのあるイメージに。

素材
- テキスト

STEP 3 デザイン

☑フォント ☑配色 ☑あしらい

投稿して当たる!
#MITTE de みつけた!
SNS投稿キャンペーン
応募期間
3/8金 → 4/30火
MITTEで購入した商品を
#MITTEdeみつけた!
をつけて写真付きで投稿すると
抽選でプレゼントが当たる!
プレゼントの詳細など、詳しい情報は
MITTEdeみつけた

文字を加工したり、楽しげな背景を使ってキャンペーンのワクワク感を出します。

Point!
テキストをアイコンに置き換えると、より素早く直感的に伝わるデザインに!

● FONT

タイトル	わんぱくルイカ / 08
日付	IBM Plex Sans JP / Bold
その他	FOT-セザンヌ ProN / M

● COLOR

- CMYK 0/61/49/0
- CMYK 68/0/28/0
- CMYK 0/0/63/0
- CMYK 0/0/0/80

GOAL! 完成!

キャンペーンの内容が分かりやすく、
かつ思わず参加したくなる楽しいポップに!

投稿して当たる!
#MITTE de みつけた!
SNS投稿キャンペーン
応募期間
3/8金 → 4/30火
MITTEで購入した商品を
#MITTEdeみつけた!
をつけて写真付きで投稿すると
抽選でプレゼントが当たる!
プレゼントの詳細など、詳しい情報は
MITTEdeみつけた
※特典はおひとりさま1回限りです。
※SNSは、Facebook・Twitter・Instagramのいずれかのみ有効です。

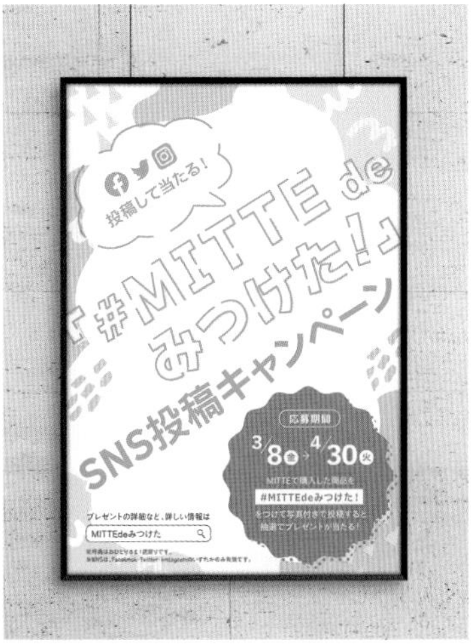
投稿して当たる!
#MITTE de みつけた!
SNS投稿キャンペーン
応募期間
3/8金 → 4/30火
#MITTEdeみつけた!
MITTEdeみつけた

CHAPTER 5

POP 11

対角線

THEMA

UVミルクの商品ポップ

対角線の交点に商品を置いて、紙面にリズム感を出したデザイン。テキスト量の少ない、商品写真メインのポップにおすすめです。

STEP 1 ブロッキング

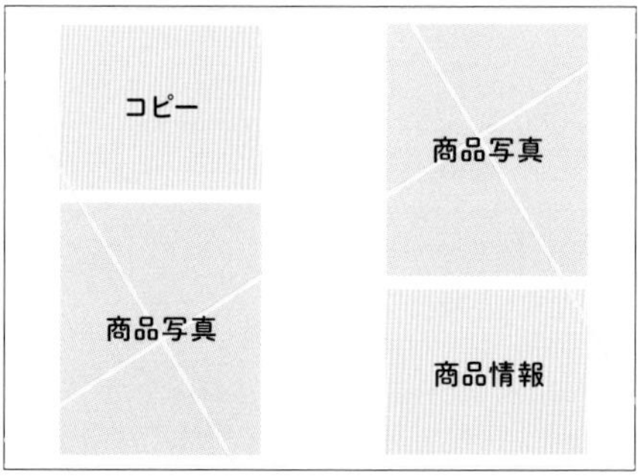

対角線構図を少しずらして使います。交点に商品写真、その上下にテキストなどのスペースを設けます。

情報
- 商品写真
- コピー
- 商品情報

STEP 2 レイアウト

商品写真は浮遊感が出るよう傾けたり、大きさに差を出して遠近感を出すと、よりリズム感が生まれます。

素材
- 商品写真
- テキスト
- ロゴ

STEP 3 デザイン

☑フォント ☑配色 ☑あしらい

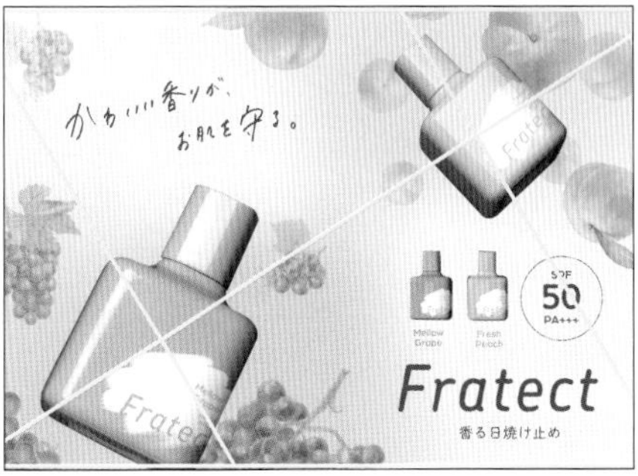

フワッとした優しいグラデーションを使って、商品のかわいらしさを引き立てます。

Point!

コピーを手書きにすると、親近感のある今っぽいデザインになります。

• FONT

ロゴ	Chevin Pro / Medium Italic
商品説明	Arboria / Medium
コピー	DNP 秀英丸ゴシック Std / L

• COLOR

CMYK 15/15/2/0
CMYK 3/15/3/0
CMYK 0/5/8/0
CMYK 0/0/0/65

GOAL!

完成！

商品のかわいくウキウキした魅力が伝わるポップになりました！

CHAPTER 5

POP 12

対角線

THEMA

新商品飲料のポップ

文字を斜めに置いたデザインはフレッシュでエネルギッシュな印象を与えられますが、レイアウトが難しいのが悩みどころ。構図を使って整えてみましょう！

STEP 1 ブロッキング

対角線構図を少しずらして使います。左上にコピー、右下に商品写真のスペースを設けます。

情報
- 商品写真
- コピー

STEP 2 レイアウト

それぞれのスペースにテキストや写真を入れます。斜めのベタを入れると、より躍動感のある紙面に。

素材
- 商品写真
- テキスト

STEP 3 デザイン

☑フォント ☑配色 ☑あしらい

ベタを筆で書いたような素材に置き換えたり、文字を加工したりして、さらにイメージを引き出します。

Point!

漢字の一部の色を変えると、程よい違和感が生まれ、目を引きます。

• FONT

タイトル	りょうゴシック PlusN / B
アクセント	Market Pro / Regular
商品詳細	DNP 秀英丸ゴシック Std / B

• COLOR

CMYK 53/15/98/0
CMYK 0/23/100/0
CMYK 0/0/0/65

GOAL! 完成！

フレッシュで躍動感があり、
きちんとキャッチコピーにも目がいくデザインに！

CHAPTER 5

POP 13

トライアングル

THEMA

ピザ店のメニューポップ

商品写真を切り抜いて、トライアングルの頂点に配置。バランスとリズム感を両立した楽しいポップのできあがりです！

STEP 1 ブロッキング

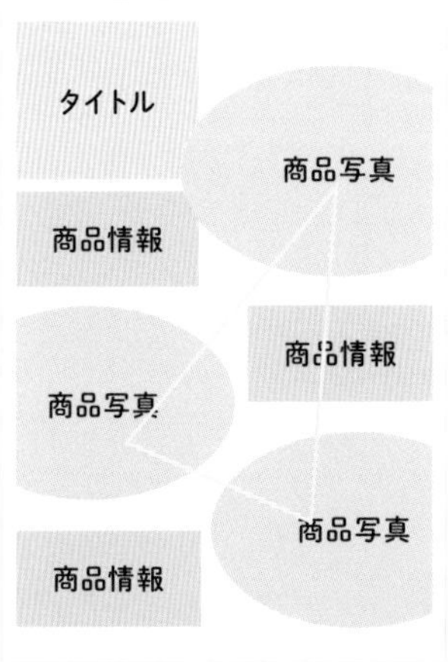

商品写真をトライアングルの頂点付近に、空いた部分にテキストスペースを設けます。

情報
- 商品写真
- タイトル
- 商品情報

STEP 2 レイアウト

ドリンク付きでお得！
Lunch menu
LUNCH TIME
11:00-14:30 [L.O 14:00]
こだわりつまった、
オーソドックス！
マルゲリータ
Margherita
Mサイズ Lサイズ
¥1,380 ¥1,890
芳醇な香りの生ハムたっぷり！
ロシュート・エ・ルッコラ
Rochete et lucola
Mサイズ Lサイズ
¥1,480 ¥2,050
パインとベーコンがベストマッチ！
ハワイアン
Hawaiian
Mサイズ Lサイズ
¥1,400 ¥1,920

写真のサイズにメリハリをつけるとより紙面にワクワク感やリズム感が生まれます。

素材
- 商品写真
- テキスト

STEP 3 デザイン

☑フォント ☑配色 ☑あしらい

フォントやあしらいでカジュアルな雰囲気を演出。商品写真の邪魔にならないよう色数は絞って。

Point!

手書き風の柔らかい曲線の吹き出しを使って、気取らないラフなイメージに。

• FONT

タイトル	Turbinado / Bold Pro
商品名	DIN 2014 Narrow / Demi
商品説明	凸版文久見出しゴシック Std / EB

• COLOR

CMYK 0/0/0/100
CMYK 0/49/100/0
CMYK 0/0/70/0

GOAL! 完成！

鮮やかなピザの写真が目を引く
カジュアルで楽しい雰囲気のデザインが完成！

CHAPTER 5

POP 14

トライアングル

THEMA

アパレルのセールポップ

逆三角形は、上部に大きく配置した情報がパッと目に入るレイアウト。セール告知など、インパクトのあるデザインにぴったりです。

STEP 1 ブロッキング

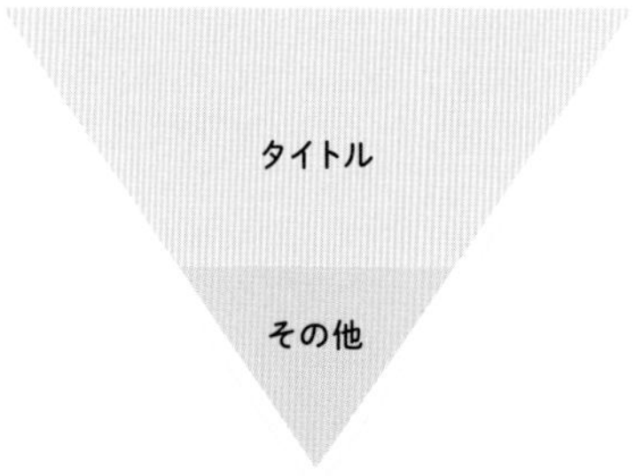

紙面いっぱいに置いた逆三角形の中に、タイトルやその他の情報のスペースを設けます。

情報
- タイトル
- その他

STEP 2 レイアウト

逆三角形にある程度沿ってテキストを入れていきます。

素材
- テキスト

STEP 3 デザイン ☑フォント ☑配色 ☑あしらい

セールポップはお店の雰囲気に合うフォント選びと、売場で埋もれない配色をするのがポイントです。

Point!

ごちゃごちゃしたあしらいは控えて、色も3色程度に抑えてシンプルに！

• FONT

タイトル	Didot LT Pro / Bold
その他	Sofia Pro / Black
Special	Adore You / Slanted

• COLOR

CMYK 0/0/0/100
CMYK 0/100/0/0
CMYK 0/0/0/0

GOAL! 完成！

メリハリのあるレイアウトで、テキストだけでもこんなにインパクトのあるデザインに！

CHAPTER 5

POP 15

日の丸

THEMA

ハッピーアワーのポップ

写真をアイキャッチとしてセンターに大きく使い、一気に注目を集めるデザイン。お得感を伝えたい飲み放題のポップにぴったりのレイアウトです。

STEP 1 ブロッキング

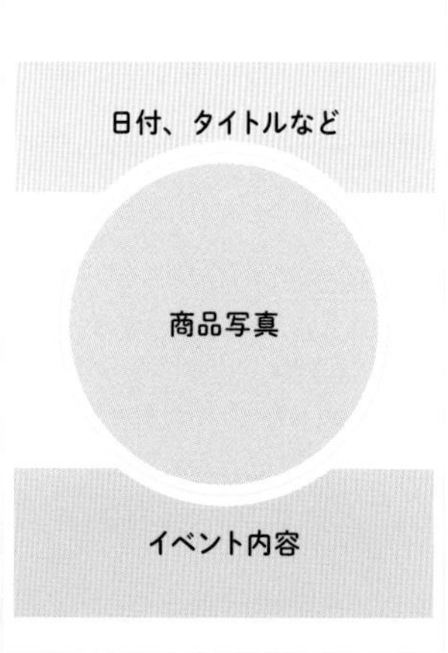

丸の中に商品写真を、上下に日付やタイトル、その他イベント内容などのテキストスペースを設けます。

情報
- 商品写真
- 日付 / タイトル
- 値段 / 時間

STEP 2 レイアウト

もっとも訴求したい値段の数字を一番大きくレイアウト。次いでイベント名も大きく配置します。

素材
- 商品写真
- テキスト

STEP 3 デザイン

☑フォント ☑配色 ☑あしらい

写真を囲むように文字を配置。文字にはフチやシャドウをあしらって、コミカルで楽しい雰囲気に。

Point!
濃い背景色のときは白い文字を織り交ぜるのが◎ 重さが軽減され抜け感が生まれます。

• FONT

タイトル	Copperplate / Bold
時間	Market Pro / Cond Medium
その他	わんぱくルイカ-08

• COLOR

CMYK	14/33/84/0
CMYK	0/0/0/100
CMYK	0/0/0/0

GOAL!

完成！

値段とビールに視線が集まり、
気軽に楽しめる雰囲気が伝わるポップの完成！

CHAPTER 5

POP 16

日の丸

THEMA

母の日のポップ

柔らかい雰囲気にしたいけど、イベントタイトルには目を向けさせたい。日の丸構図は雰囲気を壊すことなく中央に視線を集めることができます。

STEP 1 ブロッキング

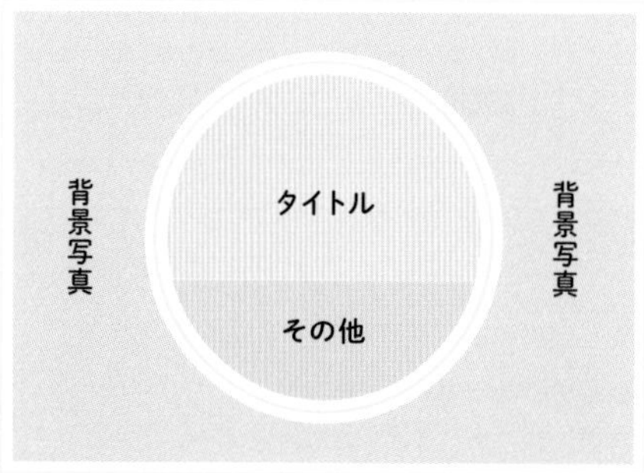

中央にタイトルなど全てのテキストを集約し、周りを写真素材で囲みます。

情報
- 背景写真
- タイトル
- その他

STEP 2 レイアウト

中央に余白のある背景写真は、中央に目がいくようにスタイリングされているのでポップ作成にも便利に活用できます。

情報
- 背景写真
- テキスト

STEP 3 デザイン

フォント　配色　あしらい

THANKS
MOTHER'S
DAY
2024.5.12 SUN
「ありがとう」を贈ろう。

タイトルは太めのゴシックを使い視認性を高く。少しイラストのあしらいも足して華やかさをプラスします。

Point!

空いているスペースいっぱいに文字を埋めず、程よく余白を残すのがポイント！

• FONT

タイトル	Brandon Grotesque / Blackt
アクセント	ChippewaFalls / Regular
その他	DNP 秀英丸ゴシック Std / B

• COLOR

CMYK　4/52/3/0
CMYK　0/0/0/0

GOAL!

完成！

シンプルなデザインでも、日の丸構図の効果で中央のタイトルに目がいくデザインに。

THANKS
MOTHER'S
DAY
2024.5.12 SUN
「ありがとう」を贈ろう。

COLUMN No.05

スッキリ見やすい「伝わるデザイン」を目指そう！

情報量が多いときの整理方法

載せたい情報が多いときは、手を動かす前に、まずは情報を整理してみましょう。文字だけだと長文になってしまう内容でも、デザイン的なテクニックを使うと、案外スッキリと見せることができます。ここでは情報整理の方法を紹介します。

TYPE 1 情報の優先順位をつける！

2024年4月13日(土)、WEBセミナー開講！今なら受講料半額！24時間いつでもパソコン、タブレット、スマホで受講可能。時間も場所も問わず受講していただけます。

▼

- 最重要 タイトル ▶ WEBセミナー開講！
- 2番目 日　付 ▶ 2024年4月13日(土)
- 3番目 限定イベント ▶ 今なら受講料半額
- 4番目 上記以外

重要度順に情報を分けてみましょう。

TYPE 2 情報のグループ分け

お家にいながら24時間、いつでも受講できます。パソコン、タブレット、スマホでも受講可能で、どこでも気軽に受講していただけます。また、講師による添削が翌日には届くスピーディさでスイスイ学べます！

▼

- グループ1 ▶ 24時間、いつでも受講できる
- グループ2 ▶ 各種デバイスに対応でどこでも受講できる
- グループ3 ▶ 講師の添削が翌日には届く

内容別に大まかに分けてみましょう。

TYPE 3 文章を短くする！

2024年4月13日土曜日、WEBセミナーを開講します。今なら受講料半額で、お家にいながら50種類以上のセミナーを24時間、お好きな時間に受講できます。パソコン、タブレット、スマホでも受講可能なので時間も場所も問わず気軽に受講していただけます。

▼

2024年4月13日(土)、WEBセミナー開講！今なら受講料半額で、50種類以上のセミナーを24時間、パソコン、タブレット、スマホでいつでもどこでも受講可能！

削れる言葉は削ってスッキリ見やすく！

TYPE 4 文字サイズにメリハリをつける！

24時間、いつでも受講できる！WEBセミナーなので、お家でも、移動中の電車でも、休憩中のカフェでも。好きな場所で、好きな時間に受講できます。

▼

24時間、いつでも受講できる！

WEBセミナーなので、お家でも、移動中の電車でも、休憩中のカフェでも。好きな場所で、好きな時間に受講できます。

見出しを作ってメリハリを出して読みやすく。

・ 情報を整理するときのコツ ・

- まずは情報を把握、整理して優先順位をつける！
- 不要な情報や、削れるテキストは削る！
- 色も余白もサイズも、全てはメリハリが大事！

TYPE 5 情報の一部を アイコンで伝える！

お家にいながら24時間、いつでも受講できます。パソコン、タブレット、スマホでも受講可能で、どこでも気軽に受講していただけます。また、講師による添削が翌日には届くスピーディさでスイスイ学べます！

24時間
いつでも
受講可能
各種
デバイスに
対応
講師の
添削が
翌日届く

文字のみより、素早く簡潔に伝わります。

TYPE 6 写真やイラストで 直感的に伝える！

WEBセミナーなので、お家でも、移動中の電車でも、休憩中のカフェでも。
朝昼晩、あなたの好きな場所で、好きな時間に受講することができます。

morning
移動中の電車でサクッと！
noon
カフェで休憩時間を活かして。
evening
お家でのんびりじっくりと。

イメージが伝わるスピードがアップ！

TYPE 7 グループは 余白、線、背景で分ける！

WEBセミナー開講！

24時間いつでも受講可能	各種デバイスに対応	講師の添削が翌日届く

WEBセミナー開講！

24時間いつでも受講可能	各種デバイスに対応	講師の添削が翌日届く

グループごとにしっかりと区切りましょう。

TYPE 8 使う色数は 必要最小限に！

いつでもどこでも受講できる！
WEBセミナー
開講！
2024.
4.13 SAT
今なら
受講料が
半額！

いつでもどこでも受講できる！
WEBセミナー
開講！
2024.
4.13 SAT
今なら
受講料が
半額！

色を絞って大事な部分にポイントカラーを！

構図で変わる印象と活用例

6つの構図で比べてみよう！

この章で出てきた作例を、他の構図で作ってみました。構図によって印象や効果がどのように変わるのか、デザインを見比べてみましょう！

01 黄金比

THANKS
MOTHER'S DAY
2024.5.12 SUN
「ありがとう」を贈ろう。

花は一輪に。その他は構図に沿って配置すれば、メッセージ性のあるデザインに。

02 三分割

「ありがとう」を贈ろう
THANKS
MOTHER'S DAY
2024.5.12 SUN

安定感のあるレイアウト。フレームをあしらうと程よく華やかに。

03 対角線

「ありがとう」を贈ろう。
THANKS
MOTHER'S DAY
2024.5.12 SUN

斜めラインを使って、躍動感のあるフレッシュな印象に。

04 日の丸

もとの構図 (P.182)

THANKS
MOTHER'S DAY
2024.5.12 SUN
「ありがとう」を贈ろう。

シンプルながらも、日の丸構図の効果で中央のタイトルに目がいくデザインに。

05 シンメトリー

「ありがとう」を贈ろう。
THANKS
MOTHER'S DAY
2024.5.12 SUN

きちんと感のあるシンメトリー構図。かわいらしいイラストを添えて、遊び心をプラス。

06 トライアングル

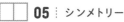

「ありがとう」を贈ろう。
THANKS
MOTHER'S DAY
2024.5.12 SUN

下重心の三角形を少し傾けて、交点に要素を配置。安定感に少しの軽やかさが加わる。

CHAPTER

06

DM

ダイレクトメール（DM）とは、
宣伝や販促のために個人宛に送られる印刷物やメールのこと。
商品やサービスをダイレクトにアピールできるツールですが、
お客様に読んでもらうためにはデザインが重要になります。
パッと見の印象や読みやすさのほか、
世界観も大事になるDMのデザインについて紹介します。

CHAPTER 6

DM 01

黄金比

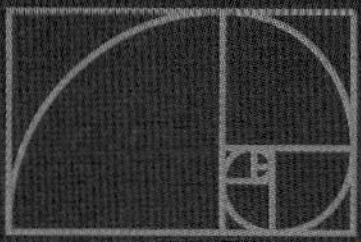

THEMA

猫カフェオープン告知DM

オープン日と店内の雰囲気を伝えることが重要なオープン告知のDM。黄金比を2つ使うと、情報量が多くてもスッキリまとまります。

STEP 1 ブロッキング

お店の雰囲気が伝わりやすいように写真を大きく配置。次にオープン日が目立つよう、大きめにブロッキングします。

情報

- イメージ写真
- 日付 / タイトル
- 主要な情報
- ロゴ

STEP 2 レイアウト

黄金比のガイドに沿って必要な情報を入れていきます。日付とタイトルは、大きく3行にして配置します。

素材

- イメージ写真
- テキスト
- ロゴ

STEP 3 デザイン

☑フォント ☑配色 ☑あしらい

文字を見切れさせたり、写真に重ねたりすることでインパクトと遊び心をプラス。

Point!
日付とタイトルはマーカー引きで強調。さらに足跡のイラストを入れて雰囲気アップ。

• FONT

タイトル	Futura PT / Bold
情報	DNP 秀英角ゴシック銀 Std / M

• COLOR

CMYK	0/0/0/100
CMYK	0/0/80/0

GOAL! 完成！

猫のかわいらしさとオープン告知が
ひと目で伝わるデザインが完成しました。

CHAPTER 6

DM 02

黄金比

THEMA

版画展のDM

イラストをメインにするデザインの場合、イラストをやや小さめにして余白を広めにとると、洗練されたゆとりのあるデザインに仕上がります。

STEP 1 ブロッキング

メインのイラストを紙面の中心部分に、右下に情報をまとめてブロッキングします。

情報
- イラスト
- タイトル
- 主要な情報

STEP 2 レイアウト

全体のバランスをキープするため、文字情報はガイドの外側に揃うように配置します。

素材
- イラスト
- テキスト

STEP 3 **デザイン**

☑フォント ☑配色 ☑あしらい

余白や字間を広めにすると、ゆとりのある落ち着いたデザインに仕上がります。

Point!
1箇所だけ縦書きにすると、紙面を引き締めるアクセントとして効果的です。

• FONT

タイトル	FOT-筑紫A丸ゴシック Std / R
日付	Pacifico / Light

• COLOR

CMYK	3/5/10/0
CMYK	0/0/0/100

GOAL!

完成！

余白と字間をたっぷり確保した
上品でゆとりのあるデザインができあがりました。

CHAPTER 6

DM 03

黄金比

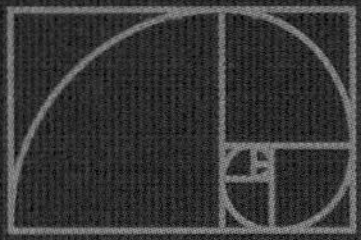

THEMA

プレセールの告知DM

タイトル、日付、ロゴといった情報量が少ない場合も、黄金比を利用することでシンプルながらも華やかでまとまったデザインに仕上がります。

STEP 1 ブロッキング

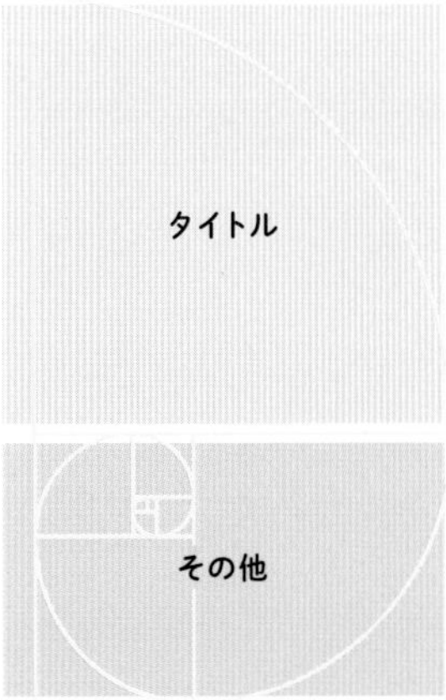

上の大きなスペースに主要な情報、下にその他の情報をブロッキングします。

情報
- タイトル
- その他の情報

STEP 2 レイアウト

左上から右下へとZ型に視線が流れる法則と黄金比のガイドに合わせて情報を入れていきます。

素材
- テキスト
- QRコード
- ロゴ

STEP 3 デザイン ☑フォント ☑配色 ☑あしらい

上部のテキストサイズを大きめにすることで、上から下へと視線を誘導できます。

Point!
春を感じるピンクにスクリプト体やセリフ体を合わせて女性らしい印象に。

• FONT

タイトル	EloquentJFSmallCapsPro / Regular
その他	DNP 秀英角ゴシック金 Std / B

• COLOR

CMYK 0/55/7/0
CMYK 0/75/7/0

GOAL! 完成！

季節感とサービス内容が効果的に伝わるプレセールDMが完成しました。

CHAPTER 6

DM 04

三分割

THEMA

和菓子店の新商品DM

和風の雰囲気を表現したいときは三分割構図を縦割りで活用してみましょう。筆文字フォントを縦書きで使用すると、さらに和の世界観が演出できます。

STEP 1 ブロッキング

右から商品名、商品写真、商品説明を配置します。

情報
- 商品名
- 商品写真
- 商品説明

STEP 2 レイアウト

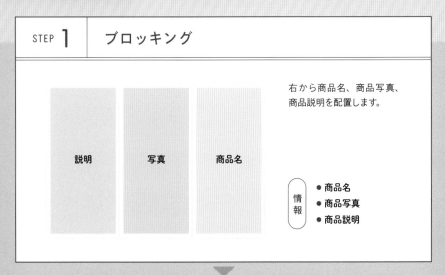

季節限定
ぽんかん最中
自家製餡にぽんかんの風味が際立つ
夏季限定の最中。
軽やかな音と香ばしいかおりを
お楽しみください。
祇園一休堂

横の三分割ラインをガイドにして、イラストやロゴなどの細かい情報を入れていきます。

素材
- テキスト / イラスト
- 商品写真
- ロゴ

STEP 3 デザイン

☑フォント ☑配色 ☑あしらい

季節限定
ぽんかん最中
自家製餡にぽんかんの風味が際立つ
夏季限定の最中。
軽やかな音と香ばしいかおりを
お楽しみください。
愛媛県産
ぽんかん使用
祇園一休堂

和のデザインには毛筆フォントが好相性。ただし長文に使うとくどくなるので、読みやすい明朝体と組み合わせましょう。

Point!

背景の柄に合わせて写真を花型に切り抜き。デザインに統一感が生まれます。

FONT

商品名	AB 味明-草 / EB
説明	DNP 秀英にじみ初号明朝 Std / Hv

COLOR

CMYK	11/56/96/0
CMYK	76/72/70/39
CMYK	70/45/10/20

GOAL!

完成！

日本語ならではの縦組みで構成した品のある和のデザインが完成しました。

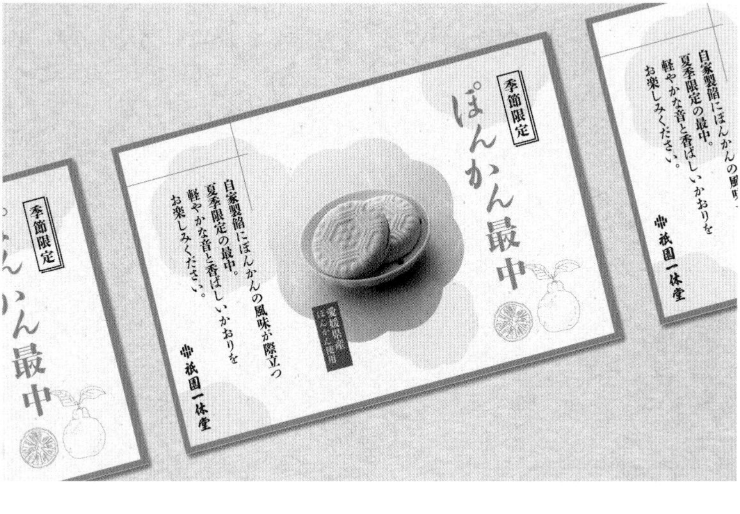

CHAPTER 6

DM 05

三分割

THEMA

美容院のクーポン付きDM

クーポンなどの特典をつけるDMは、告知エリアとクーポンエリアをきっちり分けるのが正解。見やすく、使い勝手も良くなります。

STEP 1 ブロッキング

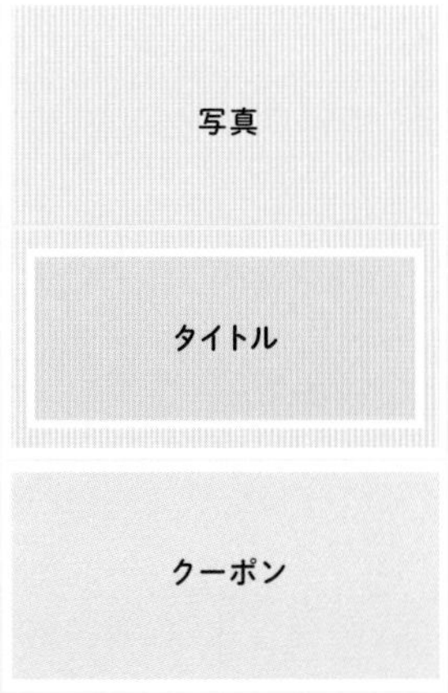

三分割した上部2つ分に写真とタイトルを、下部にクーポンをブロッキングします。

情報
- 人物写真
- タイトル
- クーポン

STEP 2 レイアウト

縦のガイドに沿って人物の顔を中央に配置。自然とバランスがとれたレイアウトになります。

素材
- 人物写真
- 水彩画像
- テキスト
- ロゴ

STEP 3 デザイン ✓フォント ✓配色 ✓あしらい

グリーンの2色使いでデザインに統一感を。効果的に白を挟み、抜け感をプラスします。

Point!
写真の上に手描きイラストをあしらい、あざとかわいさを演出します。

• FONT

タイトル	AdornS Serif / Regular
コピー	貂明朝テキスト / Regular

• COLOR

CMYK	19/4/13/0
CMYK	56/22/43/0

GOAL!

完成！

統一感の中に抜け感もある
おしゃれで爽やかなデザインが完成しました。

CHAPTER 6

DM 06

シンメトリー

THEMA

母の日のグリーティングカード

シンプルなカードをデザインしたいときは、規則性があって安定したシンメトリーの構図を使ってみましょう。単調になりやすい構図でもあるので鮮やかな配色でバランスよく。

STEP 1 ブロッキング

中央にタイトル、イラスト、メッセージ欄を縦並びに配置。周囲をフレームで囲みます。

情報
- タイトル / イラスト
- フレーム
- メッセージ欄

STEP 2 レイアウト

線対象になるように、中央揃えでテキストやイラストを配置していきます。

素材
- イラスト
- テキスト
- フレーム

STEP 3 デザイン

✓フォント　✓配色　✓あしらい

With all Love.
Mother's Day
Thank you

メイン要素となる花のイラストを中央に大きめに配置。赤と白のコントラストが映えます。

Point!

イラストを大きくしすぎると圧迫感が出ます。適度な余白を心がけましょう。

• FONT

タイトル	Beloved Script / Bold
その他	Agenda / Thin

• COLOR

CMYK　0/89/82/0

GOAL!

完成！

花のイラストがパッと目に飛び込む
華やかな印象のカードが完成しました。

With all Love.
Mother's Day
Thank you
お母さんいつもありがとう！
大好きだよ！

With all Love.
Mother's Day
Thank you
お母さんいつもありがとう！
大好きだよ！

CHAPTER 6

DM 07

シンメトリー

THEMA

アパレルの周年DM

写真を全面に使うときは被写体の位置から構図を考えましょう。この作例では被写体が左側なのでシンメトリー構図を選択しました。

STEP 1 ブロッキング

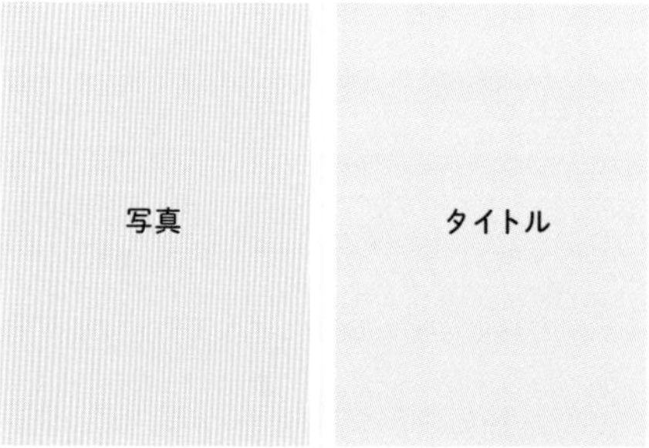

写真、タイトルの2つにブロッキングします。

情報
- イメージ写真
- タイトル

STEP 2 レイアウト

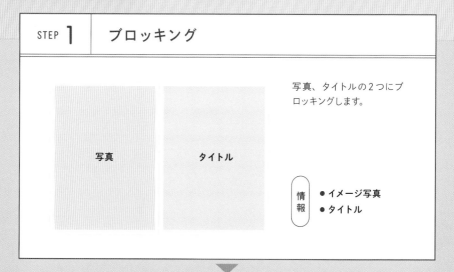

写真の被写体と合わせ鏡になるようにロゴを配置します。

素材
- イメージ写真
- ロゴ
- テキスト

| STEP **3** | デザイン | ☑フォント ☑配色 ☑あしらい |

周年ロゴは、左側の犬と対になるようにデザイン。さらに写真の周囲に白枠をつけてスタイリッシュさをプラス。

Point!

「20」の数字部分は切り抜いて写真を見せることで、爽やかな一体感を生み出します。

● FONT

| タイトル | Acier BAT / Text Solid |
| その他 | Azo Sans / Regular・Light |

● COLOR

| ■ | CMYK 75/37/27/0 |
| □ | CMYK 0/0/0/0 |

GOAL! 完成！ ‖ 写真の美しい色を活かしたアパレルブランドのDMが完成しました！

CHAPTER 6

DM 08

シンメトリー

THEMA

ベーカリーのショップDM

左右の要素がシンメトリーになるようにレイアウトしたデザイン。重要な情報を中央に揃え、形やサイズの違う切り抜き写真を配置してアクセントに！

STEP 1 ブロッキング

ロゴ
タイトル
写真
コンセプト
その他

ロゴ、タイトルとブランドコンセプト、その他の情報の3つにブロッキングします。

情報
- タイトル / 写真 / コンセプト
- ロゴ
- その他の情報

STEP 2 レイアウト

Takatsuki Bakery
原材料から
こだわった
パン作り。
高月ベーカリーは、
国産の原材料にこだわりながら
お客様へお届けしております。
これからも、体に安全、そして安心して
営業時間 7:00～17:00

中央揃えでテキストとロゴを配置。線対称になるように商品写真を四隅に配置。上下にロゴと詳細情報も配置していきます。

素材
- ロゴ
- 商品写真
- テキスト

STEP 3 デザイン

☑フォント ☑配色 ☑あしらい

Takatsuki Bakery
Takatsuki Bakery
原材料から
こだわった
パン作り。
高月ベーカリーは、
国産の原材料にこだわりながら
創業当時と変わらない製法で
お客様へお届けしております。
これからも、体に安全、そして安心して
食べていただけるパンを作り続けます。
OPEN am7:00-pm5:00
www.takatsuki_bakery.com

縦書きのテキストにラインを添えて視線を誘導。重要な情報を枠で囲って視認性もUP！

Point!
背景に布のテクスチャを敷いてショップの世界観を表現。

• FONT

タイトル	砧 丸丸ゴシックC / Lr StdN R
ロゴ	Duos Sharp Pro / Regular

• COLOR

CMYK	15/85/85/0
CMYK	0/0/0/100

GOAL! 完成！

ベーカリーのこだわりがひと目で伝わる
シンメトリー構図のDMが完成しました。

Takatsuki Bakery
Takatsuki Bakery
原材料から
こだわった
パン作り。
高月ベーカリーは、
国産の原材料にこだわりながら
創業当時と変わらない製法で
お客様へお届けしております。
これからも、体に安全、そして安心して
食べていただけるパンを作り続けます。
OPEN am7:00-pm5:00
www.takatsuki_bakery.com

Takatsuki Bakery
原材料から
こだわった
パン作り。

CHAPTER 6

DM 09

対角線

THEMA

メンズアパレルショップのDM

複数の写真を対角線に沿って斜めに配置したデザイン。写真をまとめて斜めに配置することで、テキストとの区別もつきやすくなります。

STEP 1 ブロッキング

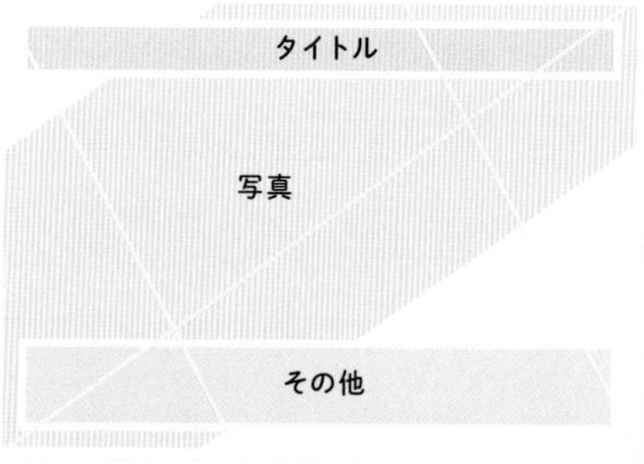

写真を斜めに、タイトルやその他の情報を上下にブロッキングします。

情報
- 人物写真
- タイトル
- その他の情報

STEP 2 レイアウト

写真は対角線のガイドに沿って斜めに配置、テキストはあえて水平のままにすることで、斜めの写真が引き立ちます。

素材
- 人物写真
- テキスト
- ロゴ

STEP 3 デザイン

☑フォント ☑配色 ☑あしらい

AUTUMN WINTER COLLECTION 2024
AUTUMN WINTER COLLECTION 2024
DOWN,COLLAR,NO COLLAR,LONG,SHORT,AND MORE
WHAT TYPE OF OUTER DO YOU WEAR
THIS AUTUMN & WINTER?
www.ours.paris.com
Ours
PARIS

メンズライクなデザインに仕上げたいときはサンセリフ体やゴシック体を使用するのがおすすめです。

Point!

タイトル文字を小さくして斜めにランダム配置。スタイリッシュさを演出します。

• FONT

タイトル	Alternate Gothic No3 D / Regular
その他	AWConqueror Std Sans / Light

• COLOR

CMYK	50/50/60/25
CMYK	50/70/80/70
CMYK	0/0/0/0

GOAL!

完成！

斜めに配置した写真が印象的なメンズライクなDMが完成しました。

AUTUMN WINTER COLLECTION 2024
DOWN,COLLAR,NO COLLAR,LONG,SHORT,AND MORE
WHAT TYPE OF OUTER DO YOU WEAR
THIS AUTUMN & WINTER?
www.ours.paris.com
Ours
PARIS

CHAPTER 6

DM 10

対角線

THEMA

ハウスメーカーのDM

写真を大きく使うときは、写真の構図も意識したうえでレイアウトを決めましょう。写真そのものを活かすことで、デザインにも立体感や動きが生まれます。

STEP 1 ブロッキング

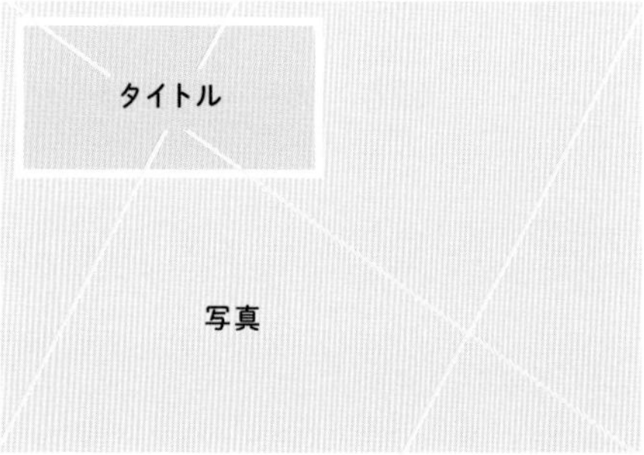

写真を全面に、対角線の交点にタイトルをブロッキングします。

情報
- イメージ写真
- タイトル

STEP 2 レイアウト

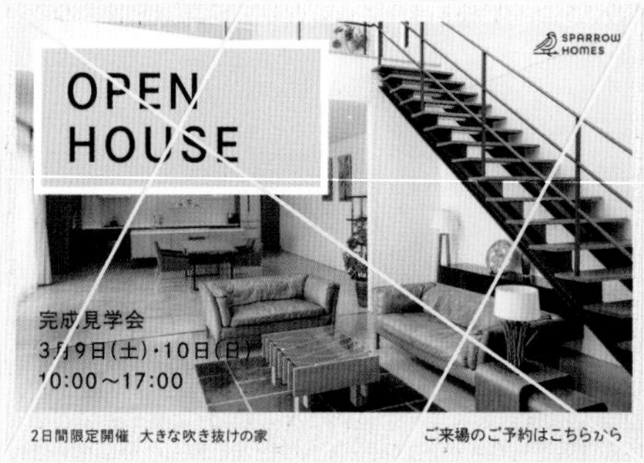

SPARROW HOMES
OPEN HOUSE
完成見学会
3月9日(土)・10日(日)
10:00～17:00
2日間限定開催 大きな吹き抜けの家
ご来場のご予約はこちらから

対角線構図で撮影された写真をトリミングして、タイトルと家具が対角線上にくるように配置します。

素材
- イメージ写真
- テキスト
- ロゴ

STEP 3 デザイン

☑フォント ☑配色 ☑あしらい

手書き文字をタイトルに使い親しみやすい印象に。アクセントに使ったグリーンは健康的で穏やかなイメージを与えることができます。

Point!

タイトルの白文字にシャドウをつけて、可読性UP!

• FONT

詳細	DNP 秀英角ゴシック銀 Std / M
日付	ITC Avant Garde Gothic Pro / Book

• COLOR

CMYK	0/0/0/0
CMYK	52/19/98/0
CMYK	76/72/70/39

GOAL! 完成！

写真の構図を活かすことで
シンプルなレイアウトでも動きのあるデザインに！

CHAPTER 6

DM 11

対角線

THEMA
セレクトショップの案内DM

対角線の交点2カ所に写真を配置。対角線を意識しながら、空いたスペースに文字を置くデザインを作ります。

STEP 1 ブロッキング

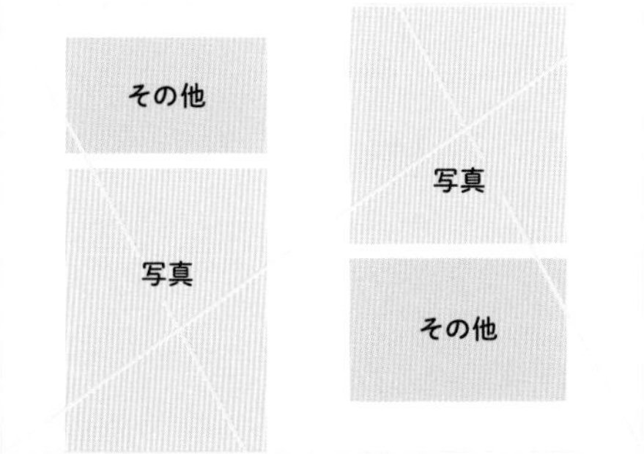

対角線の交点に人物写真、空いたスペースにその他の情報をブロッキングします。

情報
- 人物写真
- その他の情報

STEP 2 レイアウト

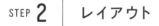

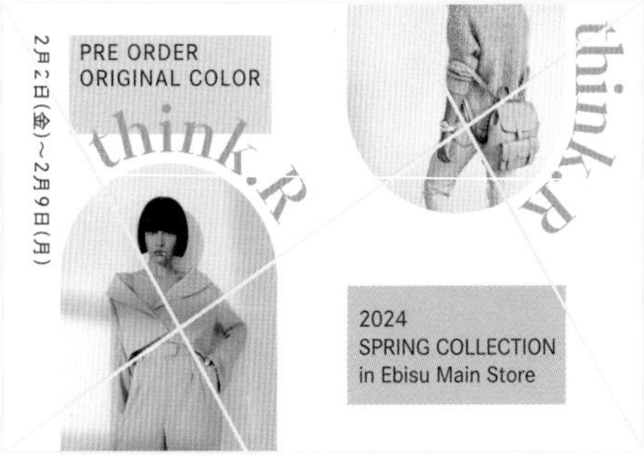

写真を窓の形にトリミング。それに沿うようにロゴを配置します。ロゴはガイドの各エリア内に収まるよう調整。

素材
- 人物写真
- ロゴ
- テキスト

STEP **3**	デザイン	☑フォント ☑配色 ☑あしらい

文字色と背景色は低コントラストで控えめに。写真の印象を強くします。

Point!

背景に窓明かりをあしらって、明るい春の日差しをイメージしました。

● **FONT**

タイトル	Mixta Pro / Medium
その他	URW Form SemiCond / Demi・Medium

● **COLOR**

CMYK 5/10/10/0
CMYK 41/24/19/0

GOAL!　完成！　‖　暖かい春の訪れを感じる
エレガントで心弾むDMが完成！

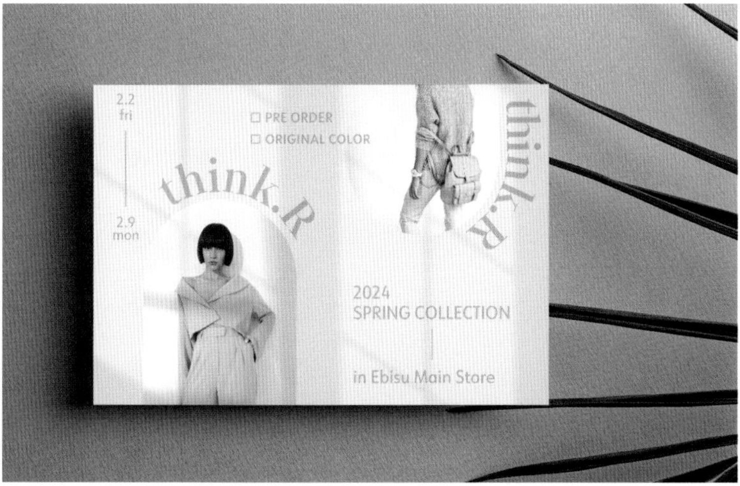

CHAPTER 6

DM 12

トライアングル

THEMA

写真展のDM

ランダムに写真を配置した一見難しそうに感じるデザインも、三角構図を使えば、要素を置くべきポイントが自然と見えてきます。

STEP 1 ブロッキング

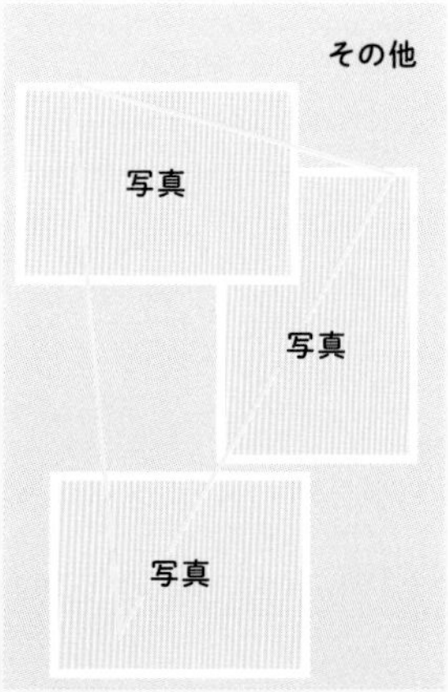

トライアングルに沿って、写真3枚とその他にブロッキングします。

情報
- イメージ写真
- その他の情報

STEP 2 レイアウト

トライアングルの頂点に合わせて3枚の写真を配置。読みやすさを意識しながら、タイトルや文字情報をランダムにレイアウトします。

素材
- イメージ写真
- テキスト

STEP 3 デザイン

☑フォント ☑配色 ☑あしらい

タイトルはゴシック体と明朝体をミックス。思いきった配置で遊び心を表現。

Point!

目立たせたい「90」の部分を袋文字にして、アクセントに！

• FONT

タイトル	FOT-筑紫Aオールド明朝 Pr6N / L
日付	Semplicita Pro / Bold

• COLOR

■ CMYK　0/0/0/100

GOAL!

完成！

一見ランダムですが、構図に沿ったレイアウトで、大胆で躍動感のあるデザインに仕上がりました。

CHAPTER 6

DM 13

トライアングル

THEMA

インテリアショップのDM

トライアングル構図をユーモラスに使ったデザイン。写真も文字もカラフルですが、たっぷりの余白を設けているので、うるさくならず、まとまっています。

STEP 1 ブロッキング

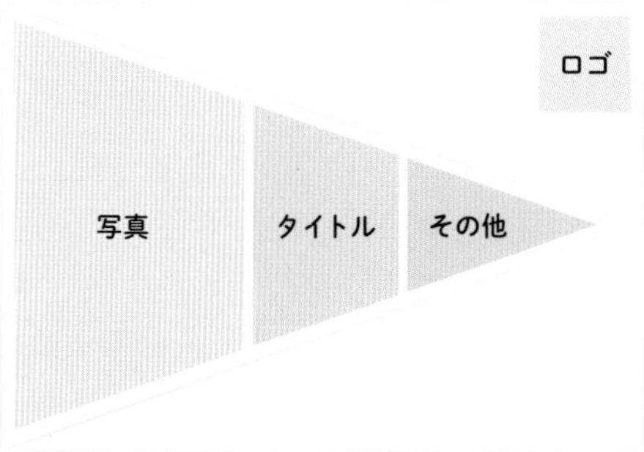

トライアングルのもっとも広い部分に写真、次にタイトル、情報と並べます。右上にロゴを配置。

情報
- イメージ写真
- タイトル
- その他の情報
- ロゴ

STEP 2 レイアウト

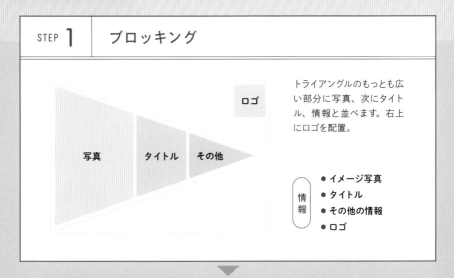

エリア分けした部分に写真やテキストを入れていきます。余白も大きく空けておきましょう。

素材
- イメージ写真
- テキスト
- ロゴ

STEP 3 デザイン

☑フォント ☑配色 ☑あしらい

色を多く使いたいときは、写真から色を抽出して使用すると統一感が生まれるのでおすすめです。

Point!

写真は角丸にトリミングして、柔らかくポップな印象に仕上げています。

• FONT

日付	P22 Underground / Medium
その他	FOT-UD角ゴ_ラージPr6N / M

• COLOR

CMYK	15/30/80/0
CMYK	0/70/53/0
CMYK	60/30/25/0

GOAL!

完成！

ミッドセンチュリースタイルを意識した
インテリアショップのDMが完成！

CHAPTER 6

DM 14

トライアングル

THEMA

動物園のキャンペーンDM

三角形を2つ組み合わせてレイアウトしたデザイン。にぎやかで楽しげなデザインにしたいときにぴったりのレイアウトです。

STEP 1 ブロッキング

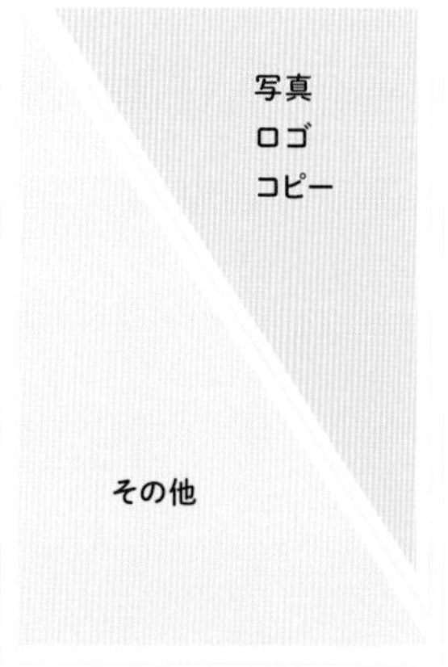

ガイドに沿って上のトライアングルにメイン写真とロゴ、下のトライアングルにその他の情報をブロッキングします。

情報
- イメージ写真
- ロゴ
- コピー
- その他の情報

STEP 2 レイアウト

切り抜き写真やテキストをトライアングルの構図に合うよう、それぞれ配置していきます。

素材
- イメージ写真
- ロゴ
- テキスト

STEP 3 デザイン

☑フォント ☑配色 ☑あしらい

吹き出し素材やリボンを使用した、楽しげなファミリー向けのデザインに。

Point!
動物園名はポップでコミカルなフォントを使って、ワクワク感を表現。

● FONT

タイトル	Domus Titling / Medium・Extrabold
場所	せのびゴシック / Bold

● COLOR

CMYK 0/0/60/0
CMYK 60/15/0/0
CMYK 70/15/0/0

GOAL! 完成！

ファミリー向けを意識した
にぎやかで楽しげなDMが完成しました。

CHAPTER 6

DM 15

日の丸

THEMA

果樹園のDM

日の丸構図に沿って桃のイラストをシンボルに配置したデザイン。ひとつのものを目立たせたいときは思いきって中央に大きく配置してみましょう！

STEP 1 ブロッキング

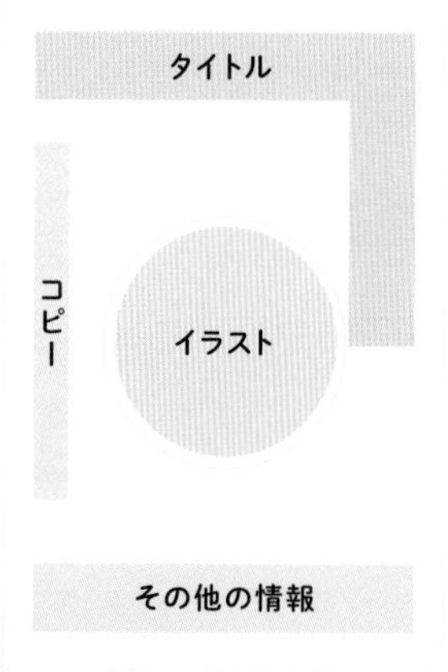

桃のイラストを中央に配置し、タイトルを上部、その他の情報を下部にブロッキングします。

情報
- イラスト
- タイトル
- コピー
- その他の情報

STEP 2 レイアウト

中央のイラストを囲むように、タイトルや詳細情報をレイアウトしていきます。

素材
- イラスト
- ロゴ
- テキスト

STEP 3 デザイン

☑フォント ☑配色 ☑あしらい

インパクトある桃のイラストやタイトルとは対象的に、その他の情報はスッキリとまとめます。

Point!

桃のイメージに合わせて全体のカラーリングもピンク系でまとめて統一感を。

• FONT

タイトル	VDL V7丸ゴシック / M
日付	Montserrat / SemiBold
アクセント	Felt Tip Roman / Regular

• COLOR

CMYK　0/23/10/0

CMYK　20/80/30/0

GOAL!

完成！

桃のイラストがどーん！と目に飛び込む
日の丸構図のデザインが完成！

CHAPTER 6

DM 16

日の丸

THEMA

サンクスカード

背景を蓮のイラストで埋め尽くし、中央部分にメモスペースを作った日の丸構図のレイアウト。背景がにぎやかなため、メモスペースの枠はシンプルにしています。

STEP 1 ブロッキング

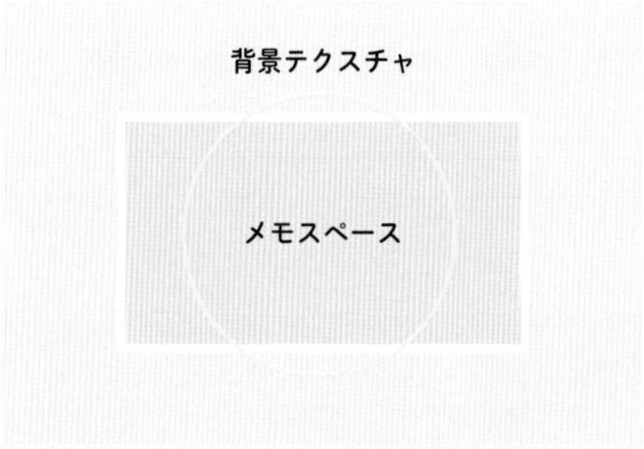

日の丸構図に合わせて中央にメモスペースをブロッキングします。

情報
- メモスペース
- 背景テクスチャ

STEP 2 レイアウト

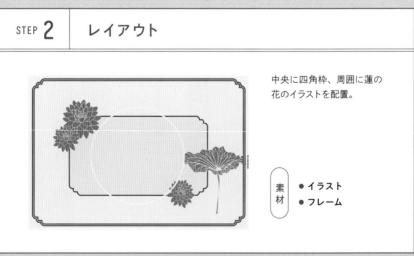

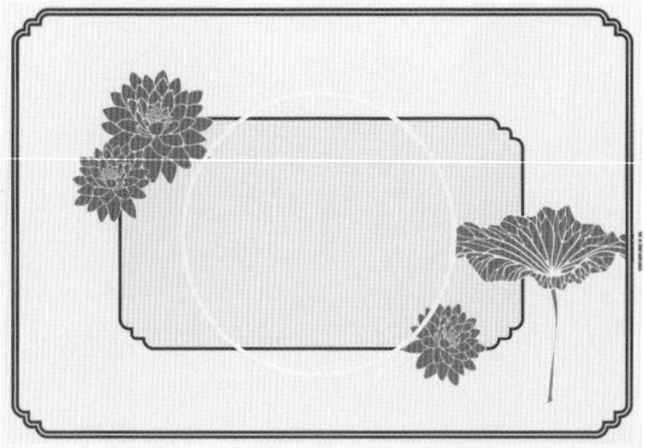

中央に四角枠、周囲に蓮の花のイラストを配置。

素材
- イラスト
- フレーム

STEP 3 デザイン

フォント 配色 あしらい

背景テクスチャの蓮は線画にして、赤い蓮と差別化、メモスペースを引き立たせます。

Point!

背景テクスチャが寒色系なので、赤い蓮がコントラストで引き立っています。

• FONT

タイトル	Aviano Didone / Bold

• COLOR

CMYK 30/20/0/0
CMYK 10/70/30/0
CMYK 80/80/20/0

GOAL!

完成！

2 種類の蓮のイラストがメモスペースを引き立てるオリエンタルなサンクスカードが完成！

CHAPTER 6

DM 17

日の丸

THEMA

クリスマスケーキのDM

クリスマスケーキを日の丸構図の中央に配置した安定感のあるデザイン。落ち着いた印象のデザインにしたいときは、シンプルなフォント選びがポイントです。

STEP 1 ブロッキング

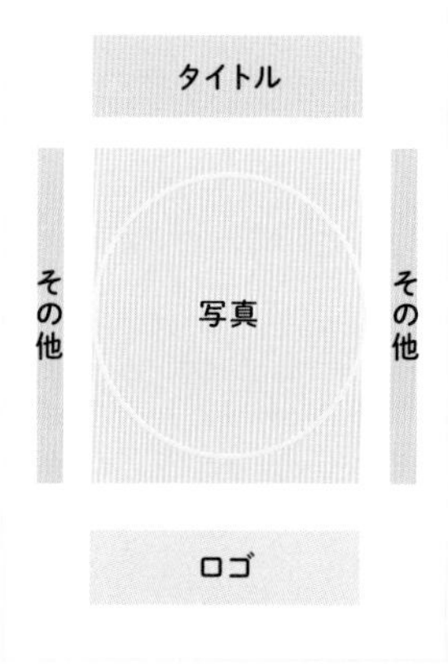

中央の写真、その四方にタイトル、コピー、ロゴの5つのエリアにブロッキングします。

情報

- 商品写真
- タイトル
- ロゴ
- その他の情報

STEP 2 レイアウト

日の丸の中央にケーキがくるようレイアウト。ケーキがやや大きめになるようにトリミングします。

素材

- 商品写真
- テキスト

STEP 3 デザイン ✓フォント ✓配色 ✓あしらい

白いケーキに合わせ、聖夜をイメージしたくすみカラーでまとめます。

Point!
控えめな写真枠やタイトルのスクリプト体で上品なクリスマスデザインに。

• FONT

タイトル	Fino Sans / Regular
店名	Bicyclette / Bold
その他	P22 Underground / Book

• COLOR

CMYK 30/10/10/20
CMYK 40/20/20/20

GOAL!

完成！

シックな愛らしさと聖夜をイメージさせるクリスマスケーキのDMが完成しました。

COLUMN No.06

ワンランク上を目指そう！

2つの構図を組み合わせる

構図のコツが身に付いたら、２つの構図を組み合わせたデザインに挑戦してみましょう！それぞれの構図の持ち味を活かすことで相乗効果が生まれ、より魅力的なデザインになる場合もあります。ここでは2つの構図を組み合わせた例を紹介します。

TYPE 1 シンメトリー ×トライアングル

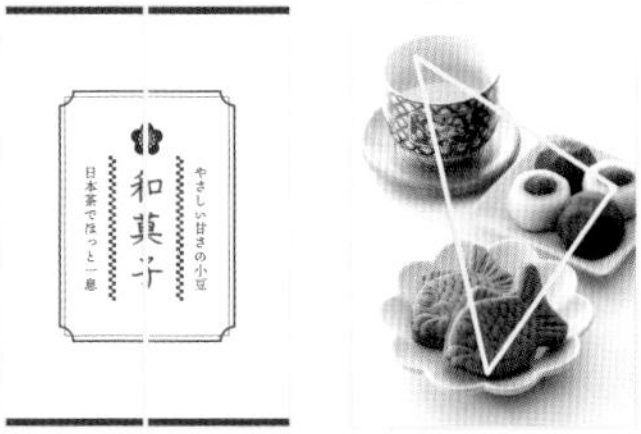

それぞれの構図の特徴

上下左右対称にテキストやフレームを配置したシンメトリーの構図。

三角構図の写真で、奥行きあるワンシーンを演出。

2つの構図を使った効果

三角構図を取り入れた写真でにぎやかな背景でありながらも、シンメトリー構図を使ったタイトルで安定感のあるデザインに！

FONT

タイトル	VDL ペンジェントル / B
コピー	貂明朝 / Regular

COLOR

CMYK　62/73/69/24

CMYK　24/35/60/0

・構図を組み合わせるポイント・

- ☑ 動きのある構図とない構図を合わせると相乗効果を期待できる！
- ☑ 背景とテキストなど、要素ごとに構図を分けると考えやすい！
- ☑ メインにする構図を決めてから組み合わせる！

TYPE 2　対角線×日の丸

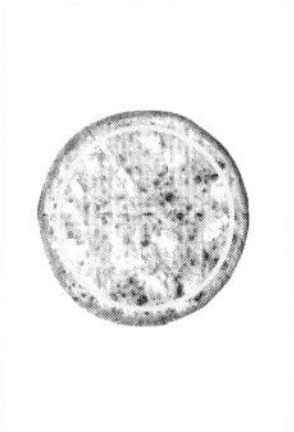

それぞれの構図の特徴

- 日の丸：一つの被写体を中央に配置した、力強さやインパクトが伝わる構図。
- 対角線：対角線構図で商品名と背景にリズムをつける。

2つの構図を使った効果

日の丸構図で見せたいものをシンプルに主張させながら、背景やテキストを対角線構図に沿って斜めに配置して動きのあるデザインに！

FONT

タイトル	AB-kikori / Regular
アクセント	Pacifico / Light
価格	All Round Gothic / Demi

COLOR

- CMYK 0/40/82/0
- CMYK 0/25/70/0
- CMYK 0/0/0/0
- CMYK 0/0/0/95

ingectar-e（インジェクターイー）

デザイン会社 / 株式会社インジェクターイー
https://ingectar-e.com/

ブランディング・グラフィック・Webデザイン制作の他、イラスト素材集やデザイン教本などの書籍の執筆、制作をしている。著者は50冊以上、代表作に「3色だけでセンスのいい色」（インプレス）20万部。「けっきょく、よはく。余白を活かしたデザインレイアウトの本」（ソシム）シリーズ累計50万部突破。オンラインデザインスクール「fullme」講師＆コンテンツ制作もしている。

【著作物】

「けっきょく、よはく。余白を活かしたデザインレイアウトの本」（2018/ソシム）

「ほんとに、フォント。フォントを活かしたデザインレイアウトの本」（2019/ソシム）

「あたらしい、あしらい。あしらいに着目したデザインレイアウトの本」（2020/ソシム）

「あるあるデザイン　言葉で覚えて誰でもできるレイアウトフレーズ集」（2019/エムディエヌコーポレーション）

「見てわかる、迷わず決まる配色アイデア　3色だけでセンスのいい色」（2020/インプレス）

「COLOR DESIGN　カラー別配色デザインブック」（2021/KADOKAWA）

最強構図
知ってたらデザインうまくなる。

2023年1月24日　初版第1刷発行
2024年7月17日　初版第7刷発行

[著　者]　ingectar-e
[制　作]　寺本恵里　前田彩衣　畑理子　谷本靖子
河野文音　仁平有紀　清水雅紅
[発行人]　片柳秀夫
[編集人]　平松裕子
[発　行]　ソシム株式会社
https://www.socym.co.jp/
〒101-0064
東京都千代田区神田猿楽町1-5-15猿楽町SSビル
TEL：03-5217-2400(代表)
FAX：03-5217-2420
[印刷・製本]　シナノ印刷株式会社

定価はカバーに表示してあります。
落丁・乱丁本は弊社編集部までお送りください。
送料弊社負担にてお取り替えいたします。

Printed in Japan / ©2023 ingectar-e / SBN978-4-8026-1395-8